ERNST PETER FISCHER

Einstein, Hawking,
Singh & Co.

ERNST PETER FISCHER

Einstein, Hawking, Singh & Co.

Bücher, die man kennen muß

Mit 51 Abbildungen

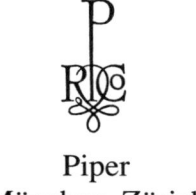

Piper
München Zürich

ISBN 3-492-04551-0
© Piper Verlag GmbH, München 2004
Satz: Kösel, Kempten
Druck und Bindung: GGP, Pößneck
Printed in Germany

www.piper.de

Inhalt

Kriterien für einen Kanon

Wer einen Kanon für Bücher zu naturwissenschaftlichen Themen aufstellen möchte, trifft auf eine große und viele kleine Schwierigkeiten. Während die kleinen Schwierigkeiten, die von den allgemeinen Kriterien der Auswahl bis zu den besonderen Details einzelner Titel reichen, im Laufe des Textes gelöst werden können – wir fangen damit bereits in diesem Einleitungskapitel an –, bleibt das große Problem hartnäckiger. Es kann ungefähr wie folgt formuliert werden:

Wer Goethe oder Grass verstehen will, muß Goethe oder Grass lesen (oder beide). Aber wer Gödel oder Gauß verstehen will, der tut besser daran, in ein Lehrbuch für Mathematik zu schauen. Oder? Wer wissen will, was bei Lessing steht, liest dessen Bücher. Wer wissen will, was bei Liebig steht, schaut besser in einem modernen Text zur Chemie nach. Oder nicht?

Ein Grund für den von vielen vielleicht nicht so formulierten, aber sicher in dieser Form im Hinterkopf mitgeführten Unterschied zwischen den beiden Kulturen der Literatur und der Wissenschaft steckt in der Tatsache, daß es in der Forschung mehr auf den Inhalt und weniger auf seine Darstellung bzw. die dazugehörige Form ankommt. *Was* Liebig über Phosphate und andere Nährstoffe im Boden herausgefunden hat, ist wichtiger als die Art, *wie* er seine Einsichten darstellt. *Was* Gauß über Zahlen und deren Verteilung erkannt hat, ist wichtiger als die Art, *wie* er seinen Beweisen Ausdruck verleiht. Ob ein Kochrezept in schwierigen Hexametern oder in schlichter Prosa vorliegt – das Essen wird nur gelingen, wenn die Angaben stimmen und die daraus folgenden Abläufe eindeutig nachvollziehbar sind. In der Tat: Für die Kollegen, die als ausgebildete Chemiker oder Mathematiker tätig sind, reicht das Ergebnis, das sie aufnehmen und in den immer weiter wachsenden Corpus des naturwissenschaftlichen Wissens einbauen. Hier erscheinen die Ergebnisse zuletzt als menschenferne Theoreme oder als gesichtslose Gesetze, zu denen niemand eine persönliche Beziehung haben will. Ergebnisse der Wissenschaft erscheinen wie Gebrauchsanweisungen oder wirken als Handwerkszeug, die beide zwar für den Weiterbau der Apparatur benötigt werden, die zugleich aber wenig für den bedeuten, der nur verstehen und genießen will.

Während die Literatur als etwas verstanden wird, das Stück für Stück zu unserer Freude geschaffen wird, und zwar von kreativen Individuen, von denen man zusätzlich annimmt, daß sie ein interessantes Leben führen oder geführt haben, wirkt die Wissenschaft wie eine Maschine, die von mechanischen und anonymen Kräften getrieben vorwärts rollt, wobei bestenfalls technisch versierte Personen einen Kontrollblick auf diesen Vorgang werfen.

Doch spätestens an dieser Stelle darf Widerspruch angemeldet werden. Denn selbst wenn die Wissenschaft so wirkt, ihre Wirklichkeit sieht anders aus. Auch sie wird von individuellen Menschen gemacht, wie es fast beschwörend im ersten Satz der Autobiographie eines überragenden Kenners der europäischen Kultur heißt. Und diese Menschen können so phantasievoll und empfindsam wie der Autor dieser Autobiographie sein, die 1969 unter dem Titel *Der Teil und das Ganze* erschienen ist und unbedingt zu dem hier angebotenen Kanon gehört. Gemeint ist Werner Heisenberg, dem viele die Berufsbezeichnung Physiker zuordnen, um anschließend nicht viel mehr über ihn wissen zu wollen. Dies scheint auch deshalb nicht nötig zu sein, weil Heisenbergs Wissenschaft sich seit den Jahren seines Wirkens weit verzweigt hat und in viele Richtungen weitergerollt ist, wobei sein Beitrag immer mehr im Nebel der Vergangenheit versunken zu sein scheint. Lag Heisenbergs große Zeit nicht viele Jahre vor dem Zweiten Weltkrieg? Ist das nicht alles überholt? Kommt es in der Wissenschaft nicht nur auf die jüngsten Ergebnisse an? Zählt nicht nur das letzte Meßergebnis? Interessieren nicht nur die modernsten Verfahren und Techniken?

Für den Fachmann bzw. die Fachfrau mag dies in einzelnen speziellen Fällen zutreffen, aber nicht für ein umfassendes Verständnis der Wissenschaft, das der Öffentlichkeit zugänglich und angemessen ist. In dem Fall zählt weniger die gerade gewonnene Einsicht – »Die wissenschaftliche Wahrheit von heute ist der Irrtum von morgen«, pflegte der Marketing-Leiter eines großen Pharmaunternehmens seinen Biochemikern zuzurufen, wenn ihm die Spezialisten aus den Laboratorien mit ihren letzten Daten das Werbekonzept verderben wollten. Wenn es um das allgemeine Verstehen geht, dann zählt mehr das ständige Bemühen um ein Verständnis von Natur, das sich in einem Weltbild des Forschers niederschlägt, an dem wir teilhaben wollen und können.

Es kommt eben nicht nur darauf an, was ein Wissenschaftler im technischen Detail zum Fortschreiten seiner Disziplin erreicht hat – obwohl er oder sie nur dafür darauf hoffen kann, den Nobelpreis aus der Hand des schwedischen Königs entgegennehmen zu dürfen –, es kommt auch darauf an, in welchem humanen Kontext sich ein Wissenschaftler sieht oder an welchem historischen Ort er steht, und dies wird in den sogenannten Sachbüchern deutlich, die von ihnen verfaßt worden sind und werden.

Wenn hier ein Kanon naturwissenschaftlicher Bücher vorgeschlagen werden soll, dann sind Sachbücher der Art gemeint, die von vorneherein für ein breites Publikum gedacht sind, die sich also an Menschen richten, die das Zimmer im Haus der Kultur kennen wollen, in dem die Naturwissenschaften wohnen. Damit ist ein erstes Kriterium genannt, nach dem die hier vorgelegte Auswahl getroffen worden ist und das einige Autoren sofort ausscheiden läßt, so berühmt sie auch sein mögen und so wichtig ihr Beitrag für die Geschichte der Wissenschaft gewesen ist. Weil sich der Autor nicht um seine Leserschaft gekümmert hat, bleibt zum Beispiel das auf seine Weise wohl nachhaltigste Buch der Physik unberücksichtigt, nämlich die *Prinzipien der mathematischen Naturlehre,* das Isaac Newton im 17. Jahrhundert vorgelegt hat und das mehr seine Kollegen bzw. Kontrahenten beeindrucken und weniger ein gebildetes Publikum informieren sollte.

Unberücksichtigt bleibt auch die legendäre Arbeit, die der sicher nicht einzige, aber bekannteste Genetiker des 19. Jahrhunderts verfaßt hat, der Mönch Gregor Mendel. Seine *Versuche zu Pflanzen-Hybriden* von 1865 braucht man heute so wenig zu lesen wie damals, es sei denn, jemand interessiert sich für den eigentlichen Grund, aus dem Mendel seine Kreuzungen von Erbsen unternommen hat und den seine Biographen entweder übersehen oder verschweigen. Das Suchen von Gesetzen der Vererbung, wie sie uns die heutigen Biologiebücher vorführen, gehörte sicher nicht dazu, auch wenn dies zahlreiche historisch nicht von den Quellen her informierte Genetiker in ihren Vorträgen dauernd wiederholen. Denn bei Mendel kommt das Wort Vererbung überhaupt nicht vor, und auch werden weder Gesetze noch Regeln aufgestellt. Es werden nur Zahlen – Daten – gesammelt und in Gruppen angeordnet, und damit sollen sich die Experten alleine befassen.

Möglicherweise sind gute Forscher überfordert, wenn man von ihnen nicht nur große Einsichten, sondern zugleich auch noch brillante Darstellungen davon erwartet. Es rechnet ja auch niemand damit – oder nur in seltenen Fällen –, daß ein Maler sein Bild oder ein Musiker seine Komposition zugleich allgemeinverständlich und lesenswert darstellt.

Trotzdem gilt als ein erstes Kriterium bei der hier vorgelegten Auswahl die fachliche Qualität, die der Autor bzw. die Autorin als origineller Forscher oder als produktive Wissenschaftlerin bewiesen hat. Namen wie Albert Einstein und Stephen Hawking verstehen sich daher von selbst, was natürlich sofort die Frage aufwirft, wer denn der dritte Herr mit dem indischen Namen ist, der im Titel angeführt wird. Singh? Nie gehört? Oder doch? Ist das nicht der Journalist, der das Buch über den nach Jahrhunderten endlich gelungenen Beweis geschrieben hat, der eine bemerkenswerte Vermutung über Zahlen in ein wunderbares Theorem der Mathematik verwandelt hat? In der Tat, er ist es, und der Grund, warum er in den Kanon aufgenommen wird, hat mit einem weiteren Kriterium zu tun, das sich eigentlich von selbst verstehen sollte, nämlich mit der Lesbarkeit des Buches. Damit ist nicht nur gemeint, daß die Texte nicht komplizierter sein dürfen, als es etwa Berichte in der FAZ, im SPIEGEL oder der ZEIT sind. Es kommt auch nicht nur auf verständliche Sätze an. Wichtiger ist, daß in dem Buch entweder erzählerisch eine Spannung aufgebaut wird oder sich beim Lesen eine Originalität des Satzbaus und des Wortgebrauchs zu erkennen gibt, ohne daß es zu vertrackt wird.

Die Lesbarkeit steht natürlich im Dienste der Wissenschaft, von der nach der Lektüre etwas verstanden sein muß, und als ein übergeordnetes Kriterium der Auswahl gilt immer die Antwort auf die Frage, ob und wie dies gelungen ist. Es soll Leute geben, die Sachbücher aus Vergnügen lesen, aber zumeist erhofft man sich neues Wissen, und alle

Bücher werden sich die Frage gefallen lassen müssen, ob sie dazu beitragen.

Das Stichwort »Wissen« erinnert an den in diesen Tagen oft zu lesenden und hörenden Vorwurf von der Halbwertszeit des Wissens, was die Menschen zu einem lebenslangen Lernen zwingt. Wer solche Behauptungen aufstellt, verwechselt Wissen mit Information. Niemand wird bestreiten, daß die Datenmengen, mit denen wir es heute zu tun haben, allmählich mehr Last werden als Lust machen. Aber Wissen ist das, was der Einzelne aus den Informationen macht, die ihn erreichen, und davon kann man vermutlich trotz allem gar nicht genug bekommen.

Natürlich gibt es Dinge, die der Wissenschaft vor einigen Jahren noch unbekannt waren. Aber daraus den Schluß zu ziehen, daß ältere Bücher zur Wissenschaft kein gültiges Wissen mehr enthalten, wie oftmals sogar aus dem Mund von Nobelpreisträgern gehört werden kann, ist blanker Unsinn. Newtons Gesetze reichen immer noch aus, um zum Mond und zurück zu fliegen, und sie stehen schon in Büchern aus dem 18. Jahrhundert. Und daß sich die Vererbung nach den statistischen Regeln vollzieht, die wir mit Mendels Namen bezeichnen, ist seit über einhundert Jahren bekannt und durch keine DNA-Sequenz überflüssig geworden.* Trotzdem ist natürlich klar, daß Bücher über naturwissenschaftliche Themen, die vor dem entscheidenden Fortschritt einer Disziplin geschrieben wurden und kühne Prophezeiungen für die Zukunft riskierten, heute oftmals nackt dastehen. Daher gilt als ein nächstes Kriterium, daß

---

* Nach dem oben Gesagten mag sich mancher wundern, wieso überhaupt von Mendels Gesetzen die Rede ist. Um dies zu erklären, hat die Wissenschaftsgeschichte ihren Nullten Hauptsatz aufgestellt. Er besagt, daß ein Gesetz oder ein Prinzip, das mit dem Namen einer Person verknüpft ist, nicht von ihr stammt.

diese Nacktheit nicht zu auffällig sein darf, was konkret bedeutet, daß der Autor bzw. die Autorin sich beim Schreiben zwar am aktuellen Stand des Wissens orientiert, aber nicht alles auf diese Karte gesetzt hat und ein modisches Überziehen bzw. eine kühne Überbewertung seines damaligen Wissens vermeiden konnte.

Welche Probleme die Anwendung dieses Kriteriums im Einzelfall bereitet, wird im Laufe der Lektüre klar, die bald begonnen werden kann, nachdem ein letztes Kriterium genannt wurde. Es betrifft den Bekanntheits- bzw. Wirkungsgrad, den ein Buch zu seiner Zeit erreicht hat, wobei sich diese Werte nicht nur in Verkaufsziffern und Auflagen, sondern auch durch die Aufmerksamkeit zeigen, den der Inhalt eines Buches bekommen hat. Das deutlichste Beispiel dazu liefern die berühmten *Grenzen des Wachstums,* die der »Club of Rome« zu Beginn der 1970er Jahre vorlegte und es mit diesem Titel fertigbrachte, ein maßgebliches Schlagwort für seine Zeit zu liefern.

Der fachliche Rang und/oder die Schreibfähigkeit des Autors bzw. der Autorin, das Verfallsdatum des Inhaltes, der gelieferte Beitrag zur wissenschaftlichen Bildung der Leser und der Erfolg beim Publikum – wenn man sich mit diesen Sonden in das Dickicht der publizierten Sachbücher begibt, kommt der Bestand heraus, der hier vorgestellt wird. Jedes Buch bekommt dabei seine Würdigung, wobei es sich der Autor tunlichst verkneift, allzu offensichtlich und deutlich Kritik zu üben, auch wenn er oftmals anderer Ansicht ist als die (vielleicht zu vielen) Männer und (leider nur wenigen) Frauen, deren Texte er ausgewählt hat. Um den Überblick zu erleichtern (und anderen die Möglichkeit der Kritik zu geben), bieten wir als Leserservice am Ende einer jeden Vorstellung eine besondere Bewertung der gerade behandelten Titel, und zwar so einfach und direkt, wie es in einem Reiseführer geschieht. Mit bis zu fünf Sternchen wird der wissenschaftliche Rang des Autors markiert, wobei die Dichter und Journalisten ohne Wertung bleiben und die Philosophen an der Wirkung in ihrer Disziplin bemessen werden. Mit bis zu fünf Brillen wird die Lesbarkeit des Buches gekennzeichnet, und mit bis zu fünf Büchern wird der Erfolg beim Publikum sichtbar gemacht, wobei etwa bei Michael Frayns *Kopenhagen* darauf zu achten ist, daß das Theaterstück mit großem Erfolg gespielt wurde, während das Publikum mit dem Kauf des Textes eher gezögert hat. Auch gibt es Bücher, die zwar in ihrer Originalsprache den verdienten Erfolg hatten, nicht aber bzw. noch nicht in der Übersetzung, um die es hier geht.

Und noch eine Bemerkung: Die Reihenfolge, in der die von mir kanonisierten Titel aufgerollt werden, stellt keinerlei Bewertung dar – mit zwei exponierten Ausnahmen am Anfang und am Ende. Die Liste beginnt mit Einstein und schließt mit Planck, was nicht nur diesen beiden auch stilistisch Großen unter den Wissenschaftlern eine besondere Stellung gibt, sondern den zusätzlichen Vorteil schafft, daß in dem Buch ein Kreis in der Zeit abgeschritten wird – von der Vergangenheit in die Gegenwart und zurück. Ansonsten sollte es immer – explizit oder implizit – eine persönliche, sachliche oder historische Verbindung zwischen den Büchern geben. Solch ein Zusammenhang muß ganz natürlich bestehen, denn trotz aller Vielfalt ist die Wissenschaft eine Einheit, die des Willens zum Wissen nämlich, die in ihr zum Ausdruck kommt.

Konstanz, im Herbst 2003   Ernst Peter Fischer

Die Bewertung: ✳ – Wissenschaftliche Qualifikation des Autors, 👓 – Lesbarkeit, 📖 – Bucherfolg

1

Albert Einstein

Mein Weltbild

Friedrich Dürrenmatt

Die Physiker

Mein Weltbild liegt als ein Ullstein Taschenbuch vor, dessen 27. Auflage im Jahre 2001
erschienen ist (mit der Nummer 34683). Rund vierzig Jahre
zuvor – 1962 – konnte man die Sammlung mit Texten von
Einstein zum ersten Mal in dieser Form kaufen – als Ullstein Buch mit der Nr. 65 –, was der Autor als Gymnasiast
im Alter von 15 Jahren auch getan hat, und zwar mit nachhaltiger Wirkung (siehe unten). In dieser Ausgabe wird darauf verwiesen, daß der Erstdruck des Werkes 1934 in Am-
sterdam auf den Markt gekommen ist. Verantwortlich für
Auswahl und Anordnung der Aufsätze und Essays von Einstein ist sein erster Biograph Carl Seelig, der das Gerücht
vom schlechten Schüler in die Welt gesetzt hat. Ihm war
nicht klar, daß in Schweizer Schulzeugnissen die Ziffern
von 1 bis 6 keine Noten angeben, sondern Punkte darstellen, daß also Einsteins Fünfer gut waren.

Albert Einstein ist am 14. März 1879 im
schwäbischen Ulm geboren worden und am
18. April 1955 im amerikanischen Princeton gestorben. Er
ist früh in die Schweiz gekommen und hat in Zürich Physik
studiert, bevor er für einige Jahre Arbeit am Patentamt in
Bern finden konnte (verbunden mit der Erteilung der
Schweizer Staatsbürgerschaft). In die Berner Zeit fällt das
berühmte »annus mirabilis« von 1905, in dem Einstein mit
seinen Arbeiten die Physik revolutioniert. Als Stichworte
können die Relativitätstheorie und die Quantenmechanik
genannt werden, mit denen ein neues Verständnis sowohl
von Raum und Zeit als auch von der Materie und Energie
möglich wird. Einstein kann sein Angestelltendasein aufgeben und Professor in Prag und Zürich werden, bevor er als
Mitglied der Preußischen Akademie der Wissenschaften
nach Berlin gerufen wird und dort als Direktor des Kaiser-

Wilhelm-Instituts für Physik fungiert. Hier stellt er in den Jahren des Ersten Weltkriegs eine verallgemeinerte Relativitätstheorie vor, die zunächst völlig unbegreiflich wirkt, weil sie sich quer zu alten physikalischen und philosophischen Gewißheiten stellt. Einsteins Sicht des Universums paßt weder mit der traditionellen Physik zusammen, die von Isaac Newton stammt und sich Jahrhunderte hindurch bewährt hat, noch kann sie akzeptieren, was die Philosophie im Gefolge von Immanuel Kant über den Weltraum gesagt und gedacht hat. Doch so unbegreiflich Einsteins physikalisches Weltbild auch wirkt, so unerbittlich zeigen Experimente von 1919 an, daß seine Vorstellungen die Wirklichkeit besser beschreiben als die Ideen seiner Vorgänger. Quasi übernacht wird Einstein weltberühmt, und er ist es bis heute geblieben. Er hielt sich weder innerlich noch äußerlich an Konventionen und schien daher das Ideal eines freien Menschen vorzustellen. Vielen gilt Einstein als *der* Mann des 20. Jahrhunderts. Bilder mit seinem Konterfei sind millionenfach verbreitet – vor allem das mit der herausgestreckten Zunge, das an seinem 72. Geburtstag aufgenommen worden ist. Es bleibt nachzutragen, daß Einstein 1921 den Nobelpreis für Physik bekommen hat und 1933 in die USA emigriert ist, wo er sich in Princeton niedergelassen hat. Hier hat er bis zum Ende seines Lebens am »Institute for Advanced Studies« über Physik nachgedacht, ohne seine Hoffnung zu erfüllen, widerspruchsfrei sagen zu können, was Licht ist.

ZUM TEXT »Töten im Krieg ist nach meiner Auffassung um nichts besser als gewöhnlicher Mord.« Es war dieser Satz auf Seite 47 der 1962 erschienenen Ausgabe von Einsteins *Weltbild*, der den damals fünfzehnjährigen Autor dazu brachte, sein Taschengeld für das Buch hinzublättern. Die Worte drückten aus, was er selbst empfand, und in ihm machte sich das Gefühl breit, sie als Argument noch gebrauchen zu können, nämlich dann, wenn er sein Grundrecht auf Verweigerung des Wehrdienstes geltend machen wollte. *Mein Weltbild* lockte den Schüler auch mit anderen kurzen Sätzen, die eine eigene Rubrik von Aphorismen bildeten:

»Um ein tadelloses Mitglied einer Schafherde sein zu können,« schrieb Einstein da zum Beispiel, »muß man vor allem ein Schaf sein.« Oder: »Wer es unternimmt, auf dem Gebiet der Wahrheit und der Erkenntnis als Autorität aufzutreten, scheitert am Gelächter der Götter.«

So schön die eben zitierten Sätze klingen, sie waren es zunächst nicht, die das Interesse auf Einsteins *Weltbild* gelockt hatten. Dafür hatte vielmehr der Hinweis eines Mathematiklehrers gesorgt, der im Geometrieunterricht erst das Konzept von parallelen Geraden eingeführt hatte, die sich bekanntlich selbst im Unendlichen nicht schneiden, um dann am Schluß der Stunde zu sagen, daß die Welt, in der wir lebten, in Wirklichkeit ganz anders sei. Hier laufen irgendwann doch alle Linien zusammen, das hätte jedenfalls Einstein herausgefunden. Bei der Nachfrage des Schülers fiel das Stichwort der Relativitätstheorie, und mit ihm begann die Suche nach einer geeigneten Quelle zu seinem Verständnis, die schließlich bei Einsteins *Weltbild* endete. Vorher war sie unvermeidlich auf ein anderes Buch des legendären Mannes gestoßen, dessen Titel konkreter ausdrückte, was in ihm zu finden war, nämlich Ausführungen *Über die spezielle und die allgemeine Relativitätstheorie.* Und damit stehen wir vor einem Problem, denn so eindeutig es ist, daß Einstein in einen Kanon der Naturwissenschaften gehört, so zweideutig ist, welches seiner beiden genannten »Büchlein« dafür in Frage kommt, wobei die Verkleinerungsform von ihm selbst stammt.

Eine traditionelle Auswahl würde das auf die Physik konzentrierte Buch vorziehen, das ebenfalls viele Auflagen erlebt hat und sicher noch lange Zeit verfügbar sein wird. Und wenn sie dies tut, hat sie viele Argumente für sich. Sie beginnen mit der wunderbaren Einleitung, in der Einstein seinen Lesern das Du anbietet und im Zusammenhang mit der abstrakten Geometrie Wörter wie »Liebe« und »stolz« gebraucht. Und sie reichen mindestens bis zu dem legendären Kapitel, in dem Einstein seine »Betrachtungen über die Welt als Ganzes« vorstellt und von der sensationellen und begeisternden »Möglichkeit einer endlichen und doch nicht begrenzten Welt« erzählt, die seine Theorie von Raum und Zeit zuläßt. Einstein illustriert dieses Weltbild mit der Oberfläche einer Kugel, auf der Wesen leben, die aus ihr nicht heraus können. Für sie gibt es keine Grenze, obwohl alles endlich groß ist. Während anschaulich nachvollziehbar ist, was es heißt, in einer dreidimensionalen Welt auf einer zweidimensionalen Oberfläche zu leben, läßt sich nur noch mathematisch darstellen, was eine Dimension höher passiert, wenn wir uns also in der dreidimensionalen Oberfläche einer vierdimensionalen Wirklichkeit umtun. Genau dies ist aber – nach Einstein – unsere Lebenssituation, wobei die vierte Dimension durch die Zeit entsteht, die sich mit dem Raum zu einer Raumzeit verbindet, in der beides nicht getrennt zu denken ist.

Wer Einsteins Gedanken historisch nachdenken und auf diese Weise genau verstehen will, wie merkwürdig eng verwoben die beiden Grundgrößen Raum und Zeit tatsächlich sind, die wir sonst nur als eckige Schachtel oder fließenden Strom denken, der ist sicher nirgendwo besser aufgehoben als bei Einsteins eigenen Darstellungen *Über die spezielle und die allgemeine Relativitätstheorie*. Doch – so schreibt der legendäre Mann selbst – »die Lektüre setzt viel Geduld und Willenskraft beim Leser voraus«, und die Frage ist gestattet, ob diese beiden Tugenden nicht anders und besser genutzt werden können, zum Beispiel für die Lektüre von schwierigen Büchern, zu deren Inhalt es keine Alternative gibt. Für die Relativitätstheorie gibt es sie nämlich in Hülle und Fülle, und so hat die Entscheidung für die Aufnahme des *Weltbilds* anstelle der *Relativitätstheorie* in diesen Kanon mindestens zwei Gründe – einen inneren und einen äußeren.

Der äußere liegt – wie gesagt – darin, daß die Relativitätstheorie auch in anderen Büchern erläutert wird, die zum Kanon gehören – zum Beispiel in Stephen Hawkings *Eine kurze Geschichte der Zeit,* die als nächstes an die Reihe kommt. Der innere Grund ist die Qualität der im *Weltbild* versammelten Texte selbst, die von Politik und Pazifismus ebenso handeln wie vom Kampf gegen den Nationalsozialismus, und die jüdische Themen ebenso aufgreifen wie physikalische Fragen. In den zuletzt genannten wissenschaftlichen Beiträgen stellt Einstein seine Relativitätstheorie und ihre philosophischen Konsequenzen in historisch angelegten Essays dar, deren Qualitäten all die Chefredakteure von Fachblättern entzücken muß, die von ihren Mitarbeitern Berichte erwarten, die knapp und klar sind. Dabei gelingen Einstein einzelne Sätze, die es lohnt, auswendig zu lernen, um sie sich immer wieder vorsagen zu können und parat zu haben. Wenn er etwa den Zusammenhang von »Geometrie und Erfahrung« erläutert, läßt Einstein eine fundamentale Einsicht einfließen, die leider bis heute oft übersehen wird:

»Insofern sich die Sätze der Mathematik auf die Wirklichkeit beziehen, sind sie nicht sicher, und insofern sie sicher sind, beziehen sie sich nicht auf die Wirklichkeit.« Mit anderen Worten, was mathematisch bewiesen ist, das braucht es in natura noch lange nicht zu geben.

Einstein schreibt dies, obwohl seine Tätigkeit als theoretischer Physiker im wesentlichen darin besteht, die Wirklichkeit mit der Sprache der Formeln zu beschreiben, was ihm im übrigen auch aus anderen Gründen Kopfschmerzen bereitet. Die an Abstraktion zunehmenden Beschreibungen der Natur werden zwar einheitlicher, zugleich aber auch »erlebnisferner«, was bedeutet, daß man andere Quellen als die sinnliche Erfahrung für das Staunen finden muß, das den forschenden Geist auszeichnet und ihn überhaupt mit der Arbeit beginnen läßt. Einsteins Vorschlag besteht darin, als neues »Grundgefühl, das an der Wiege von wahrer Kunst und Wissenschaft steht«, das »Geheimnisvolle« anzusehen. Es ist »das Schönste, was wir erleben können«, und »wer es nicht kennt und sich nicht mehr wundert, ... der ist sozusagen tot und sein Auge erloschen«.

Während Einstein an dieser frühen Stelle im Buch – am Ende des ersten Beitrags – die beiden großen Errungenschaften unserer Kultur, Kunst und Wissenschaft, fast unbemerkt gleichberechtigt nebeneinander stellt, geht er weiter hinten einen dramatischen Schritt weiter, wenn er sich nämlich »Zur Methodik der theoretischen Physik« äußert. Unter diesem eher langweilig klingenden Titel teilt er uns seine wohl verblüffendste Einsicht mit, nämlich die, daß physikalische Systeme (zur Erklärung von Wirklichkeit) und literarische Texte (zur Beschreibung von Wirklichkeit) darin übereinstimmen, »freie Erfindungen des menschlichen Geistes« zu sein. Einstein spricht ausdrücklich vom »rein fiktiven Charakter der Grundlagen« einer wissenschaftlichen Theorie, und wie er diesen Gedanken durch den Vergleich der Mechanik Newtons mit seiner eigenen Relativitätstheorie begründet, das sollte jeder lesen, der sich für Einstein und die Welt interessiert.

In dem Bekenntnis, »freie Erfindungen des menschlichen Geistes« zur Erklärung von Raum und Zeit anzubieten, steckt als ein Schlüsselwort die Idee der Freiheit, mit der

23

Einstein sich im übrigen abplagt und abmüht. Denn »an Freiheit des Menschen im philosophischen Sinne glaube ich nicht«, wie er unter Hinweis auf Arthur Schopenhauer schreibt, der zwar eingeräumt hat, daß der Mensch tun kann, was er will, der aber auch bemerkt hat, daß ein Mensch nicht wollen kann, was er will. Einstein akzeptiert diesen Gedanken, der ihn seit seiner Jugend »lebendig erfüllt« hat, und zwar deshalb, weil er in ihm »eine unerschöpfliche Quelle der Toleranz« findet.

Was ein Leser in dem *Weltbild* möglicherweise vermißt, ist eine Darstellung von Einsteins Ansichten zur Physik der Atome (der sogenannten Quantentheorie), die er ja ebenfalls in seinem Wunderjahr 1905 in den Sattel gehoben hat, aber nur, um anschließend die Richtung zu mißbilligen, in die das Pferd galoppierte. Dafür findet man einen Aufsatz, in dem Einstein genau in dem Jahr (1926), in dem die Quantenmechanik ihre bis heute gültige Form bekommen hat, über etwas völlig anderes nachdenkt, nämlich über die »Ursache der Mäanderbildung der Flußläufe«. Wenn für den Schulunterricht ein Text gesucht wird, mit dem die Neugierde von Schülerinnen und Schülern sowohl auf Beobachtungen von Phänomenen, die zur eigenen Erlebniswelt zu Hause und in der Natur gehören, als auch an ihrer eleganten Erklärbarkeit geweckt werden soll, dann haben wir ihn damit gefunden. Einstein beginnt mit zwei bekannten Tendenzen, nämlich zum einen der von Wasserläufen, »sich in Schlangenlinien zu krümmen, statt der Richtung des größten Gefälles des Geländes zu folgen«, und zum zweiten der von Flüssen, auf der Nordhälfte der Erde »vorwiegend auf der rechten Seite zu erodieren«. Er stellt weiter fest, daß die bisherigen Erklärungen der Fachleute zu kurz greifen, um dann das ganze Problem durch den Rückgriff auf ein kleines Experiment in Angriff zu nehmen, »das jeder leicht wiederholen kann: Es liege«, so Einstein, »eine mit Tee gefüllte Tasse mit flachem Boden vor. Am Boden sollen sich einige Teeblättchen befinden«, mit denen nun folgendes passiert: »Versetzt man die Flüssigkeit mit einem Löffel in Rotation, so sammeln sich die Teeblättchen alsbald in der Mitte des Bodens der Tasse.« Man spricht dabei vom »Teetassenphänomen«, und Einstein erläutert im folgenden den Grund für diese Erscheinung, um im Anschluß daran die Ursache der Mäanderbildung zu erklären. Wie er von der kleinen Teetasse ausgehend mit hübschen Zeichnungen auf wenigen Seiten die ganze Welt physikalisch erfaßt, gehört zu den Kabinettstückchen, die sich niemand entgehen lassen sollte. »Einstein at his best«, würde man in der Marketingabteilung sagen, und zudem mit Texten, die alle verstehen können. Vielleicht gelingt es durch emsige Lektüre des *Weltbildes* sogar, eine Ansicht von Einstein zu widerlegen. Gemeint ist der Aphorismus, in dem es heißt: »Die Majorität der Dummen ist unüberwindbar und für alle Zeiten gesichert.« Das könnte man ja 'mal zu ändern versuchen.

***** 𝔊𝔊 𝔊𝔊 𝔊𝔊 𝔊𝔊 𝔊𝔊 ✐✐✐

ÜBRIGENS Einstein ist bekanntlich eine sehr populäre Figur, und so tritt er im Kino auf (etwa in *Young Einstein*), man liest von ihm in Romanen (zum Beispiel *die autobiographie des albert einstein* von Gerhard Roth) oder Gedichten (unter anderem *Einstein* von Rolf Hochhuth), hört von ihm in der Oper (auf CD verfügbar ist *Einstein on the Beach* von Philip Glass) oder schaut einer Person mit seinem Namen auf der Bühne zu – etwa in der Komödie *Die Physiker* von Friedrich Dürrenmatt (Arche Verlag 1962). Sehr komisch geht es allerdings in dem 1962 in Zürich uraufgeführten Stück nicht zu: Die Hauptrollen spielen drei verrückt scheinende Physiker, die sich in einer

Irrenanstalt befinden. Einer nennt sich Einstein. Er ist ein Agent und hat dieselbe Aufgabe wie sein Zellennachbar Newton. Beide sollen dem dritten etwas abjagen, der Möbius heißt und eine Entdeckung gemacht hat, die das Ende der Welt bedeuten könnte, wenn sie in die falschen Hände gerät. Das ist ein Risiko, das man nicht eingehen darf, wie der von Dürrenmatt als »neuer Einstein« angelegte Möbius erläutert, der deshalb auf eine weltliche Karriere verzichtet und sich in die Irrenanstalt begibt – aus Verantwortung für die Menschheit. Doch trotz großer persönlicher und menschlicher Opfer – die drei Physiker müssen ihre Wärterinnen umbringen, um nicht enttarnt zu werden – gelangt das fatale Geheimnis in die Welt hinaus, und zwar durch die Irrenärztin, die als einzige wirklich verrückt ist. Als sie dies merken, werden die Physiker so irrsinnig, wie sie bislang nur simuliert haben. Damit hat die Geschichte das Ziel erreicht, das Dürrenmatt ihr geben wollte: Sie hat die schlimmst-mögliche Wendung genommen.

Wie gesagt, zu lachen gibt es in dieser Komödie nicht sehr viel. Aber zu lernen schon, etwa die Art, wie Dürrenmatt seinen Einstein (über den der Dichter auch einen Essay geschrieben hat) eher verschüchtert agieren läßt, während sich der Wissenschaftler zugleich unfähig zeigt, seinen fanatischen Willen zum Wissen zu zähmen. Er wird auch dann bleiben, wenn die ganze Welt ein Irrenhaus geworden ist.

2

Stephen Hawking
Eine kurze Geschichte der Zeit

Carl Sagan
Unser Kosmos

ZUM BUCH Die englischsprachige Originalausgabe mit dem Titel *A Brief History of Time: From the Big Bang to Black Holes* ist 1988 bei Bantam Books (New York) erschienen und hat sich anschließend viele hundert Wochen lang auf Bestsellerlisten gehalten. Die deutsche Ausgabe mit der etwas eigenwilligen Übersetzung des zweiten Teils ist als *Eine kurze Geschichte der Zeit: Die Suche nach der Urkraft des Universums* ebenfalls bereits 1988 auf den Markt gekommen (im Rowohlt Verlag). Von dem in mehr als 40 Sprachen übersetzten Weltbestseller gibt es längst Taschenbuchausgaben und inzwischen auch – mit vielen bunten und hübschen Bildchen – *Die illustrierte kurze Geschichte der Zeit,* die zusätzlich aktualisiert worden ist.

ZUM AUTOR Stephen Hawking ist am 8. Januar 1942 in Oxford geboren worden – »genau dreihundert Jahre nach dem Tod Galileis«, wie er selbst und seine Biographen gerne hinzufügen. Hawking studiert in seiner Heimatstadt Physik und bewirbt sich 1962 erfolgreich um ein Stipendium, das ihm die Anfertigung einer Promotionsarbeit in Cambridge erlaubt. Ein Jahr später diagnostizieren die Ärzte bei dem 21 jährigen Doktoranden eine schwere Nervenkrankheit mit kompliziertem Namen. Sie heißt amyotrophe Lateralsklerose (ALS) und läßt ihm nach medizinischer Einschätzung nur noch wenig Lebenszeit. Wir wissen nicht, wie deprimiert und düster sich Hawking damals gefühlt hat. Wir wissen aber, daß er an seinem Lebensmut und einem Lebenssinn festhalten wollte. Er arbeitet sich energisch in die Allgemeine Relativitätstheorie Einsteins ein und heiratet. Die Krankheit nimmt zwar ihren Lauf, aber sie tut es verlangsamt; Hawking wird zwar immer gebrechlicher und pflegebedürftiger, aber er überlebt bis heute. Seit dem Ende der 1960er Jahre ist er bewegungs-

und sprechunfähig (und seit Mitte der 1980er Jahre hat er auch seinen Geruchs- und Geschmackssinn verloren). Er ist an einen Rollstuhl gefesselt und kann mit anderen Menschen nur durch einen Stimmensynthesizer kommunizieren – »a computer with a human mind«, wie jemand in Hawkings Muttersprache einmal gesagt hat. Seine wissenschaftlichen Qualitäten bleiben von alledem unbeeinflußt, und Hawking beginnt, gemeinsam mit Roger Penrose physikalische Theorien eines expandierenden Kosmos aufzustellen, in dem es Schwarze Löcher gibt, die merkwürdigerweise strahlen. 1983 entwickelt er – zusammen mit Jim Hartle – die Idee eines Universums, das weder Ränder noch Grenzen und auch keinen Anfang kennt.

Mit diesen Arbeiten wächst zunächst der Ruhm unter seinen Kollegen: Hawking erhält zahlreiche Preise, er wird Lucasian Professor in Cambridge und damit Inhaber des Lehrstuhls, den einst Newton innehatte, und Königin Elisabeth II. ernennt Hawking 1981 zum Commander of the British Empire. Mit der *Kurzen Geschichte der Zeit* wird er ein internationaler Medienstar, der sich im übrigen rasch auf dem dazugehörigen Markt zurechtfindet und es versteht, seine Gesetze für sich zu nutzen.

ZUM TEXT In der *Kurzen Geschichte der Zeit* geht es um unser Verständnis des Universums. Was meinte Einstein, als er von der »Möglichkeit einer endlichen und doch nicht begrenzten Welt« sprach? Und läßt sich dieser räumlich gemeinte Gedanke auf die Zeit übertragen? Kann man von einem Anfang der Zeit etwa im Urknall sprechen? Und was hat es mit den Schwarzen Löchern auf sich, mit denen das Leben von Himmelskörpern zu Ende geht, wenn sie zu groß sind, um dem Einfluß der Schwerkraft zu widerstehen? Wenn genug Materie versammelt ist, kann das Gebilde dann tatsächlich in sich zusammenstürzen und dabei auch alles Licht mitreißen?

Hawking bleibt nicht allein bei der Darstellung des Kosmos stehen, die durch Einsteins Idee einer Raumzeit möglich wird. Die Physiker können das Universum mit ihrer Hilfe zu einem einzigen Punkt schrumpfen lassen, mit und an dem alles begonnen hat, durch einen Urknall eben, wie man sagt, vor dem nichts war, was man wissen könnte. Oder doch? Die Originalität des Buches steckt in Hawkings Versuchen, diese Grenze zu durchstoßen. Er will Einsteins Theorien mit Hilfe der Quantentheorie so ummodeln, daß zum Big Bang keine Unstetigkeit der Zeit mehr gehört und man also fragen kann, was davor geschehen ist. Wer das herausfindet, könnte irgendwann eine lange Geschichte der Zeit schreiben.

Bislang kennen wir nur ihre kurze Geschichte, und die Idee zu ihrer Darstellung stammt zwar von Hawking selbst, aber er hatte dabei zunächst weniger ein sachliches und mehr ein persönliches Ziel im Auge. Er wollte mit dem Buch Geld verdienen, um seine Familie im Falle seines Todes oder bei eintretender Arbeitsunfähigkeit abzusichern. Als der Wissenschaftsverlag der Universität Cambridge ihm zu wenig bot, erhielt ein amerikanischer Verlag den Zuschlag, der bis dahin nur wenig Erfahrung mit Büchern zu wissenschaftlichen Themen hatte. Die mangelnden Vorkenntnisse machte man in New York durch ein sorgfältiges Lektorat wett, das Hawking keine einzige mathematische Formel durchgehen ließ, ihn dafür aber ermunterte, Geschichten über sich selbst zu erzählen, wobei die Erörterung fachlicher Fragen und die Schilderung persönlicher Umstände lückenlos ineinander übergehen. Wohl am bekanntesten ist die Szene, die Hawking zu Beginn von Kapitel 7 anführt, in dem er zeigen will, daß Schwarze Löcher gar nicht so schwarz sind:

»Vor 1970 konzentrierte ich mich in meinen Arbeiten vor

allem auf die Frage, ob es eine Urknall-Singularität gegeben hat oder nicht. Doch eines Abends im November jenes Jahres, kurz nach der Geburt meiner Tochter Lucy, dachte ich über Schwarze Löcher nach, während ich zu Bett ging. Meine Körperbehinderung macht diese alltägliche Handlung zu einem langwierigen Prozeß, so daß mir viel Zeit für meine Überlegungen blieb. Damals war noch nicht genau definiert, welche Punkte der Raumzeit innerhalb eines Schwarzen Loches liegen und welche außerhalb.«

Mit diesem Zitat wird das charakteristische Merkmal der *Kurzen Geschichte der Zeit* deutlich, nämlich in einem populären und etwas altväterlichen Tonfall, aber keineswegs einfach und leicht verständlich geschrieben zu sein (was sicher mit zur Absicht des Verlages voller Marketingprofis gehörte). Tatsächlich haben viele Kritiker des Buches bezweifelt, daß auch nur ein geringer Bruchteil der Millionen Käufer des Buches verstanden hat, wovon sein Text im Detail handelt. Zum einen mutet Hawking ihnen »Singularitäten« und ähnlich komplizierte Konzepte mit täuschend hübschen Namen – etwa Wurmlöcher und Ereignishorizonte – nach knappsten Definitionen zu: Bei einer Singularität wird die Krümmung der Raumzeit unendlich, ein Wurmloch ist eine Röhre in der Raumzeit, durch die entfernte Regionen des Universums verbunden sein können, und die Raumzeit selbst ist ein vierdimensionaler Raum, dessen Punkte Ereignisse heißen; solche Ereignisse sind dabei nur bis an den Rand eines Schwarzen Lochs definiert, der infolgedessen einen Ereignishorizont darstellt.

Zum zweiten macht sich Hawking unverdrossen daran, mit diesen keineswegs alltäglichen Konzepten verwegene Gedankenverbindungen herzustellen, die ihm offenbar so leicht fallen wie unsereinem die Erzählung einer Romanhandlung. Bei dem oben erwähnten langsamen Ausziehen geht ihm folgendes durch den Kopf:

»Die Grenze des Schwarzen Lochs, der Ereignishorizont, wird durch die Wege jener Lichtstrahlen in der Raumzeit festgelegt, die bei ihrem zum Scheitern verurteilten Versuch, dem Schwarzen Loch zu entfliehen, am weitesten nach außen dringen und sich für immer auf dieser Grenze bewegen.« Und während er dies überlegt, wird ihm »plötzlich klar, daß die Bahnen dieser Lichtstrahlen nicht aneinander rücken können, weil sie sonst schließlich ineinander laufen müßten«. Das versteht natürlich jeder sofort kurz vor dem Schlafengehen, weshalb es mit einer immer verwickelter werdenden Kette von Argumenten weitergehen kann, bei der die Grundaussage des Zweiten Hauptsatzes der Thermodynamik ebenso benötigt wird wie manche Besonderheit der Atomphysik, um zuletzt zu der sicher als sensationell empfundenen Einsicht zu kommen, daß Schwarze Löcher gegen jede Erwartung nicht nur alles schlucken, sondern auch etwas aussenden können. Aus ihnen treten Teilchen aus, die »nicht aus dem Inneren des Schwarzen Loches, sondern aus dem ›leeren‹ Raum unmittelbar außerhalb des Ereignishorizontes« stammen, wie sicher von jedem Leser problemlos nachzuvollziehen ist, auch wenn er oder sie nicht Physik studiert hat. Oder nicht? Oder doch?

Keine Frage: Hawkings Buch beginnt brillant, aber seine Frische hält sich nicht bis zum Ende der Lesezeit. Es bleibt rätselhaft, wie es gelungen ist, viele Millionen Leser für solche Details zu begeistern, und die Vermutung ist sicher nicht von der Hand zu weisen, daß es Käufern des Buches weniger um den Kosmos als um den Ort ging, den Hawking seinem ursprünglichen Bewohner zugewiesen hat, nämlich Gott. Die wohl berühmteste Passage zu diesem Thema findet sich am Ende von Kapitel 8, in dem es um »Ursprung und Schicksal des Universums« geht und in dem Hawking Einsteins Idee von einem Raum, der endlich ist, ohne eine Grenze (und damit weder Anfang noch Ende) zu haben, auf die zweite Grundkategorie unseres Denkens ausdehnt, die Zeit. Er unterbreitet den Vorschlag einer »endlichen Raumzeit ohne Grenze« und hält ein Universum für möglich, das »in sich abgeschlossen und keinerlei äußeren Einflüssen unterworfen« ist:

»Die Vorstellung, daß Raum und Zeit möglicherweise eine geschlossene Fläche ohne Begrenzung bilden, hat ... weitreichende Konsequenzen für die Rolle Gottes in den Geschicken des Universums. Als es wissenschaftlichen Theorien immer besser gelang, den Ablauf der Ereignisse zu beschreiben, sind die meisten Menschen zu der Überzeugung gelangt, Gott gestatte es dem Universum, sich nach einer Reihe von Gesetzen zu entwickeln, und verzichte auf alle Eingriffe, die in Widerspruch zu diesen Gesetzen stünden. Doch diese Gesetze verraten uns nicht, wie das Universum in seinen Anfängen ausgesehen hat – es wäre immer noch Gottes Aufgabe gewesen, das Uhrwerk aufzuziehen und zu entscheiden, wie alles beginnen sollte. Wenn das Universum einen Anfang hatte, können wir von der Annahme ausgehen, daß es durch einen Schöpfer geschaffen worden sei. Doch wenn das Universum wirklich völlig in sich selbst geschlossen ist, wenn es wirklich keine Grenze und keinen Rand hat, dann hätte es auch weder einen Anfang noch ein Ende: Es würde einfach sein. Wo wäre dann noch Raum für einen Schöpfer?«

Hawking versäumt es nicht, seinen Lesern mitzuteilen, daß er diesen Gedanken einer endlichen Raumzeit (ohne einen Augenblick der Schöpfung) zum ersten Mal auf einer Konferenz über Kosmologie vorgetragen hat, die von Jesuiten im Vatikan veranstaltet worden ist. Am Ende der Konferenz gab es eine Audienz beim Papst, bei der Johannes Paul II. sich zufrieden über das Urknall-Modell der Physiker geäußert hat. Damit sei doch – so der Papst – auch die Wissenschaft zu der Ansicht gekommen, die Welt als ein

Werk Gottes aufzufassen, das er im Moment des Urknalls geschaffen habe. Dieser Zeitpunkt könne somit als der Augenblick der Schöpfung gelten, der keiner wissenschaftlichen Untersuchung mehr zugänglich zu sein brauche.

Das Thema »Gott« beschäftigt Hawking bis zum letzten Satz seines Buches, in dem er seiner Hoffnung Ausdruck gibt, daß es eines Tages eine vollständige Theorie der physikalischen Welt gibt, der man sogar entnehmen könne, »warum es uns und das Universum gibt«. Und er fügt hinzu: »Wenn wir die Antwort auf diese Frage fänden, wäre das der endgültige Triumph der menschlichen Vernunft – denn dann würden wir Gottes Plan kennen.«

Es ist klar, daß Hawking versucht, Einsteins Rolle sowohl in der ernsten Wissenschaft als auch bei ihrer Vermarktung zu übernehmen. Er greift sowohl seine komplexen Theorien als auch seine schlichten Bemerkungen auf, und er tut dies im Beruf mathematisch erfolgreich und im Alltag sprachlich witzig. Das berühmte Diktum Einsteins, »Gott würfelt nicht!«, wandelt Hawking etwa dahingehend um, daß er sagt, Gott würfelt nicht nur, er würfelt sogar so, daß er die Würfel dorthin rollen läßt, wo man sie nicht sehen kann.

Das Publikum nimmt solche Bemerkungen begeistert auf und tut alles, um Hawking zu lauschen, der inzwischen öffentliche Auftritte mit der Bitte verbinden muß, keine Fragen mehr zu Gott zu stellen. Er ist der Meisterdenker im Medienzeitalter geworden, den viele – neben den Quizmastern des Fernsehens – für den klügsten Menschen halten, der auf Erden lebt. Sein riesiger Erfolg hat ihm allerdings – wie zu erwarten war – nicht nur Freunde gebracht und leider sogar die Ehe ruiniert. Das »bezaubernde Mädchen«, in das er sich verliebt hatte, als die Diagnose seiner Nervenerkrankung kam, meinte bei der Trennung sogar, Hawking darauf hinweisen zu müssen, »daß er nicht Gott sei«. Aber es bleibt festzuhalten, daß hier jemand Lebensmut im Angesicht einer tödlichen Bedrohung gezeigt hat. In Hawking sehen viele sicher eine Hoffnung. Vielleicht finden sie etwas ähnliches in seinen Texten.

**** 🐚 🐚 🐚 🖋🖋🖋🖋🖋

ÜBRIGENS Zu der ersten Ausgabe der *Kurzen Geschichte der Zeit* hat der amerikanische Physiker Carl Sagan (1934–1996) ein Vorwort geschrieben, in dem er die Leser eindringlich auf das eigentliche Thema des Buches hinweist, nämlich die Abwesenheit Gottes. Sagan war zu dieser Zeit ein berühmter Autor (und ein blendend aussehender Fernsehstar), dessen 1980 erschienenes Buch über das Universum mit dem deutschen Titel *Unser Kosmos* (1982 bei Droemer Knaur in München) – im Original nur *Cosmos* – sich weltweit zehn Millionen Mal verkauft hatte. Sagan begibt sich auf »eine Reise durch das Weltall«, wie es im Untertitel heißt. Er läßt alles mit einem Urknall beginnen und zuletzt Leben auf der Erde erscheinen. Was ihn umtreibt, ist die Frage, ob unser Planet dabei die Ausnahme bildet, wir also allein im All sind oder ob sich auch auf anderen Planeten Leben entwickelt hat, und Sagan erörtert dieses Thema in einer eleganten und suggestiven Sprache, die es dem Leser leicht macht, durch die Seiten zu kommen. Zuletzt warnt Sagan seine Klientel vor einer atomaren Katastrophe, die als Folge einer politisch instrumentalisierten Wissenschaft möglich werden und blitzartig vernichten kann, was lange Zeit benötigt hat, um so herrlich zu werden, wie wir es erleben. Als *Unser Kosmos* alle Rekorde brach, glaubte niemand, daß sein Erfolg übertroffen werden konnte. Bis Hawking kam, schrieb und siegte.

*** 🐚 🐚 🐚 🐚 🐚 🖋🖋🖋🖋🖋

Werner Heisenberg
Der Teil und das Ganze

Fritjof Capra
Das Tao der Physik

Die *Gespräche im Umkreis der Atomphysik* – so der Untertitel – sind 1969 im Piper Verlag erschienen; es gibt inzwischen eine Taschenbuchausgabe (ohne Textänderungen) (Serie Piper 2297), und als Besonderheit ist zu erwähnen, daß von 1984 an in einer Verlagskooperation Heisenbergs *Gesammelte Werke* erschienen sind. Ihre von Piper verantwortete Abteilung C enthält die »Allgemeinverständlichen Schriften«, und der dritte Band (C III) beginnt mit Heisenbergs Autobiographie.

Werner Heisenberg ist am 5. 12. 1901 in Würzburg geboren worden und am 1. 2. 1976 in München gestorben. Am Anfang und am Ende seines Lebens befindet sich Heisenberg also in Bayern, und wenn es nach ihm gegangen wäre, hätte er München, die Stadt seiner Schulzeit und seines Studiums, nie verlassen – den Zugang zu einem Klavier vorausgesetzt. Heisenberg kann ohne Musik nicht leben, aber er studiert Physik, weil es in dieser Wissenschaft höchst aufregend zugeht – unter anderem dank Einsteins Vorgaben – und weil er schon früh großes theoretisches Talent dazu zeigt. Damit sind nicht nur seine mathematischen Qualitäten gemeint, sondern vor allem auch intuitive Fähigkeiten, die der Knabe mutig einsetzt und die ihn zu den merkwürdigsten Vorstellungen über die Atome befähigen, die sich immer wieder im wissenschaftlichen Experiment als zutreffend erweisen. 1925 gelingt Heisenberg in einem kreativen Geniestreich die Aufstellung einer neuen Physik, die sich seitdem als Quantenmechanik bewährt hat und als Grundlage der modernen Naturwissenschaft dient. Kurz darauf formuliert er die legendäre Idee der Unbestimmtheit, die in der Praxis als Unschärferelation bekannt ist und zur Erklärung ungewöhnlicher und schwieriger Phänomene benötigt wird (u. a. von Hawking, der nur so seine Schwarzen Löcher leuchten lassen kann). Unbestimmtheit meint – in wenigen Worten gesagt –, daß die Eigenschaften von atomaren Objekten erst festliegen, wenn sie gemessen werden. Vorher sind sie unbestimmt. Ein Atom ist die Ansammlung seiner Möglichkeiten, bis es die Wirklichkeit annimmt, nach der es gefragt wird. Heisenberg kann diese Einsicht als 26jähriger in der mathematischen Sprache formulieren, und kurz darauf wird er Professor für Physik in Leipzig. 1932 erhält er den Nobelpreis für sein Fach.

Danach kommen die nationalsozialistischen Jahre, die den unpolitischen Heisenberg in viele Schwierigkeiten bringen, unter anderem, weil er an einem Atomwaffenprojekt mitarbeiten muß, weil er (nicht zuletzt aufgrund seines Festhaltens an Einsteins Physik) als weißer Jude gebrandmarkt wird und weil er Deutschland (Bayern) nicht verlassen will. Der Entschluß, in der Heimat zu bleiben, hängt auch damit zusammen, daß er geheiratet und eine wachsende Familie hat, für die er ein kleines Haus in Urfeld am Walchensee kaufen konnte (von dem Maler Lovis Corinth). Hier meinte Heisenberg am schönsten Ort der Welt zu sein.

In den Jahren des Zweiten Weltkriegs leidet Heisenbergs Freundschaft zu dem großen dänischen Physiker Niels Bohr, die in den 1920er Jahren begonnen hat. In deren Verlauf ist die Kopenhagener Deutung der neuen Physik entstanden, die als das philosophisch (!) wichtigste Ereignis des 20. Jahrhunderts bezeichnet werden kann. Die Entdeckung der Kernspaltung macht aus den beiden Freunden Geheimnisträger, die für gegnerische Lager arbeiten und sich in den 1940er Jahren plötzlich verständnislos gegenüberstehen.

In der Nachkriegszeit wohnt Heisenberg zunächst in Göttingen, und er übernimmt viele Funktionen in der Wissenschaftspolitik (u. a. als Präsident der Alexander-von-Humboldt-Stiftung); 1958 endlich kann er nach München ziehen, weil das von ihm geleitete Max-Planck-Institut für

Physik in die bayerische Landeshauptstadt verlegt wird. In seiner wissenschaftlichen Arbeit versucht Heisenberg bis zum Ende seines Lebens, das Große (Kosmos) mit dem Kleinen (Atom) zu verbinden.

ZUM TEXT »Wissenschaft wird von Menschen gemacht.« Mit diesem Satz eröffnet Heisenberg die Darstellung seines Lebens, und er wählt dazu die platonische Form des Dialogs, wobei er im Gegensatz zu seinem antiken Vorbild selbst auftritt und mitredet. Dabei hat er viel zu sagen, aber er zeigt sich zugleich immer lernbereit und lernfähig. Heisenberg greift auf das klassische Modell aus mindestens zwei Gründen zurück. Zum einen entsteht seiner Ansicht und Erfahrung nach Wissenschaft im Gespräch, und zum zweiten möchte sich der moderne Physiker zu dem Denken des Vaters der Philosophie bekennen. Heisenberg macht dies äußerlich dadurch deutlich, daß er im ersten und letzten Kapitel seiner Autobiographie über (und in Gedanken auch mit) Plato spricht. Die »erste Begegnung mit der Atomlehre« verdankt der Knabe Heisenberg der Lektüre von Platos Dialog *Timaios*, in dem behauptet wird, »daß die kleinsten Teilchen der Materie aus rechtwinkligen Dreiecken gebildet werden«. Heisenberg ist noch ein Teenager, als er diese »wilde Spekulation« (im griechischen Original) liest, aber er behält den Grundgedanken im Kopf, und der über 60 jährige Nobelpreisträger fragt sich im Herbst seines Lebens, ob es nicht eine umfassende Verbindung zwischen der Physik von »Elementarteilchen und Platonischer Philosophie« gibt. Immerhin wollen die Forscher »die Elementarteilchen, und damit schließlich die Welt, in der gleichen Weise aus Alternativen aufbauen, wie Plato seine regulären Körper und damit auch die Welt aus Dreiecken aufbauen wollte«.

Heisenberg erlaubt den Lesern in seinen Dialogen nicht nur, etwas von dem Abstraktionsgrad der Symmetrien zu ahnen, die nötig sind, um das eben bezeichnete Forschungsprogramm durchzuführen, er läßt vor allem die Personen lebendig vor ihrem lesenden Auge erscheinen, mit denen er diskutiert. Denn anders als in Platos Dialogen werden die Gesprächsteilnehmer nicht zu bloßen Sparringspartnern bzw. Stichwortgebern eines großen Superhelden namens Sokrates reduziert. Vielmehr gibt ihnen Heisenberg eigene und unverwechselbare Stimmen (auch wenn die Philologen dies noch nicht bemerkt haben), und zwar unabhängig davon, ob es sich um eine etablierte Größe der Wissenschaft wie Einstein oder um die unbekümmerten Schulkameraden handelt, mit denen der junge Heisenberg wandert oder musiziert. Besondere Rollen übernehmen dabei zwei Zeitgenossen, die als Lehrer und Schüler vorgestellt werden können. Als Heisenbergs Lehrer tritt der dänische Physiker Niels Bohr auf, und als Schüler lernen wir den Diplomatensohn Carl Friedrich von Weizsäcker kennen, der zwar eher Philosoph werden möchte, sich aber von Heisenberg umstimmen läßt, als der ihn darauf hinweist, daß es zwar viel gute Philosophie, aber viel zu wenig gute Physik gibt.

Die Bedeutung Bohrs für das Leben und Denken von Heisenberg kann kaum überschätzt werden, und tatsächlich – so Heisenberg wörtlich – beginnt seine »eigentliche wissenschaftliche Entwicklung« mit dem Spaziergang, den der kaum 20jährige Student mit dem rund 15 Jahre älteren Nobelpreisträger über den Hainberg bei Göttingen unternimmt. Die Gespräche mit Bohr bilden den Höhepunkt von Heisenbergs Dialogen. In ihrem ersten Gespräch reden die beiden über Atome und fragen sich nicht nur, ob sie diese Gebilde und mit ihnen die Stabilität der Materie verstehen können, sondern auch, ob sie überhaupt verstehen, was mit »verstehen« gemeint sein soll. Eine von Bohrs wissenschaftlichen Leistungen hatte in dem Nachweis bestanden, daß die seit Jahrhunderten bewährte Mechanik von Newton ihren Dienst versagt, wenn sie auf Atome angewendet wird. Und aus dieser auf den ersten Blick vielleicht nicht besonders aufregenden Einsicht, zieht er einen umwerfenden Schluß. Denn wenn die bekannte Physik im Inneren der Atome nicht richtig ist, dann »wird es auch keine anschauliche Beschreibung der Struktur des Atoms geben können, da eine solche – eben weil sie anschaulich sein sollte – sich der Begriffe der klassischen Physik bedienen müßte, die aber das Geschehen nicht mehr ergreifen«. Mit anderen Worten, »wir besitzen keine Sprache, mit der wir uns verständlich machen könnten«, wie Bohr erkennt und womit er Heisenberg einen Schrecken einjagt. Dem Jüngeren wird plötzlich klar, daß Atome »keine Dinge mehr« sind, »jedenfalls keine Dinge, die man ohne Vorbehalte mit Begriffen wie Ort, Geschwindigkeit, Energie, Ausdehnung beschreiben könnte«, und an dieser Stelle fällt ihm erneut Platon ein.

Heisenberg ist also philosophisch darauf gefaßt, daß ein Verständnis der Atome nur gelingen kann, »wenn man an einer entscheidenden Stelle bereit ist, den Grund zu verlassen, auf dem die bisherige Wissenschaft ruht, und gewissermaßen ins Leere zu springen«. Er riskiert seinen großen Absprung im Frühling 1925, als er auf Helgoland ein Heufieber auskuriert, und in einem mutigen Geniestreich gelingt ihm die Formulierung einer neuen Physik, die eine mathematisch korrekte und widerspruchsfreie Darstellung (Beschreibung) von Atomen zuläßt. Dabei ist zu beachten, daß Heisenberg nicht nur eine neue Gleichung, sondern eine ganz neue Art von Gleichung aufstellt und mit ihr der mathematischen Beschreibung der Natur eine neue Dimension gibt. Vor Heisenbergs Durchbruch handelte jede mathematische Formulierung eines physikalischen Problems von real in der Außenwelt existierenden und meßbaren Größen, die

41

wie Zahlen zu behandeln waren. Es ging in den Gleichungen zum Beispiel um Geschwindigkeiten, Massen und Volumina, und niemand erwartete, daß sich dies jemals ändern würde. Was sollten denn Naturgesetze anderes sein als Verbindungen zwischen Größen, die es in der Natur gibt?

Nach Heisenbergs Durchbruch sieht die Welt anders aus. Seine Gesetze handeln von dem, was ein Wissenschaftler über die Welt wissen kann, und die mathematische Fassung dieses Vorhabens gelingt mit Gebilden, die mehr als eine reale Dimension haben. Pointiert formuliert: Heisenberg entdeckt, daß die grundlegenden Gesetze der Natur in Abhängigkeiten zwischen Größen bestehen, die es nicht in der realen, sinnlich zugänglichen Natur gibt (wie Bohr vorhergesagt hat). Unsere Wirklichkeit entsteht nicht aus dem Raum unserer Anschauung, sondern aus einer Sphäre heraus, die zwar an unsere Lebenswirklichkeit anschließt und über wenigstens eine Dimension Kontakt mit ihr hält, die darüber hinaus aber noch ihre eigene Dimension hat, die man mit dem inneren Auge erblicken kann.

Heisenberg schildert seine kreative Leistung in der Autobiographie zugleich beeindruckend und auf höchst bescheidene Weise, wobei ein flüchtiger Leser sogar den Eindruck bekommt, das Geschehen diene nur der Vorbereitung auf ein Gespräch mit Einstein, das beide im Frühjahr 1926 in Berlin führen und in dem die berühmteste Figur der Physik ihrem jungen Besucher ein wenig den Kopf wäscht. Einstein warnt Heisenberg nämlich vor einer »gefährlichen Richtung« seines Denkens, als der Vater der Relativitätstheorie meint, Physik handele von dem, »was man über die Natur weiß, und nicht mehr von dem, was die Natur wirklich tut«. Darum könne es aber nicht gehen, meint Einstein, denn es könnte doch sehr wohl sein, daß Heisenberg und er »über die Natur etwas Verschiedenes wissen. Aber wen soll das schon interessieren?«

Es gelingt Heisenberg in seinen Dialogen immer wieder, das Gespräch auf solche spannenden Momente hinzuführen, in denen einer der Teilnehmer sich festlegen oder gar zu etwas bekennen muß. Und der Leser ist immer daran beteiligt, denn man kann sich vor dem Weiterblättern selbst fragen, wie man in der jeweiligen Situation antworten würde, etwa wenn Einstein am Ende des Gesprächs wissen will, warum Heisenberg so fest an seine Theorie glaubt, während »so viele und zentrale Fragen noch ungeklärt sind«, wie er meint.

Die Themenvielfalt von Heisenbergs Buch ist ebenso beeindruckend wie die Klarheit der Sprache, mit deren Hilfe schwierige Kombinationen von der Art »Quantenmechanik und Kantsche Philosophie« so überzeugend gemeistert werden wie dramatische Situationen, in denen es um »Das Handeln des Einzelnen in der politischen Katastrophe« oder »Über die Verantwortung des Forschers« geht. In diesen Kapiteln macht sich bemerkbar, was Heisenberg sehr bedauert, daß nämlich seine Physik nicht nur Philosophie impliziert, sondern vor allen Dingen in die Politik hineinspielt, die in den mittleren Jahren des 20. Jahrhunderts unter anderem durch die Stichworte Nationalsozialismus und Zweiter Weltkrieg gekennzeichnet ist. Die Zeitläufe zwingen natürlich alle Menschen zu Entscheidungen, aber vor allem die Physiker, die wissen, was es bedeutet, wenn die Energie der Atome freigesetzt werden kann. Die maßgebliche Entscheidung, die Heisenberg trifft und in seinen Erinnerungen oft anspricht, besteht darin, Deutschland nicht zu verlassen. Er bleibt auch in der mißlichsten politischen Lage ein Optimist, der darauf vertraut, daß sich »das Vertrauen in die zentrale Ordnung gegen Kleinmut und Müdigkeit durchsetzt«, wie es gegen Ende des Buches heißt, als Heisenberg zuhört, wie seine Kinder und ein befreundeter Wissenschaftler »jene von dem jugendlichen Beethoven geschriebene Serenade in D-Dur spielen, die von Lebenskraft und Freude überquillt«. Er hat nun Gewißheit, »daß es, in menschlichen Zeitmaßen gemessen, immer wieder weitergehen wird, das Leben, die Musik, die Wissenschaft«.

***** 𝒪 𝒪 𝒪 𝒪 𝒪 ◁◁◁◁

ÜBRIGENS Bei Heisenberg findet sich der vorsichtige Satz: »Wahrscheinlich darf man ganz allgemein sagen, daß sich in der Geschichte des menschlichen Denkens oft die fruchtbarsten Entwicklungen dort ergeben haben, wo zwei verschiedene Arten des Denkens sich getroffen haben.« Ein theoretischer Physiker der Nachkriegsgeneration mit Namen Fritjof Capra hat diesen Vorschlag sehr ernst genommen und in seinem Buch *Das Tao der Physik* umgesetzt, das 1975 zuerst auf Amerikanisch erschienen und als Bibel einer merkwürdigen New-Age-Bewegung ein Weltbestseller geworden ist (eine revidierte Ausgabe ist 1997 als Knaur Taschenbuch Nr. 77324 erschienen). Capra[*] geht es um die *Konvergenz von westlicher Wissenschaft und östlicher Philosophie,* und er versucht zum Beispiel, die Symmetrien der Elementarteilchen, die Heisenberg zu Plato zurückführen, als neues Koan zu deuten, also als »ein sorgfältig konstruiertes, scheinbar unsinniges Rätsel«, mit dem die Grenzen des rationalen Denkens auf dramatische Weise deutlich werden sollen. Als Beispiel für ein Koan führt Capra die Frage auf: »Was war dein ursprüngliches Gesicht, das du hattest, bevor deine Eltern dich gebaren?«

Das Tao der Physik greift unter anderem den neuartigen Aspekt der Atomphysik auf, der in der Einsicht besteht,

---

[*] Capra hat sich anfänglich als Schüler von Heisenberg angepriesen, bis ihm dies von dessen Familie verboten wurde.

»daß alle Teile des Universums voneinander abhängig und untrennbar sind«, und stellt ihm Sätze an die Seite, die buddhistische Philosophen wie der Inder Nagarjuna schon vor vielen hundert Jahren geschrieben haben: »Dinge leiten ihre Natur und ihr Sein von gegenseitiger Abhängigkeit her und sind nichts in sich selbst.«

Was Capra versucht, haben viele große Physiker gefordert. Wolfgang Pauli etwa, Heisenbergs alter Freund aus Studientagen und von Einstein als sein legitimer Nachfolger angesehen, hat einmal geschrieben, »was wir heute brauchten, wäre eine Synthese zwischen ostasiatischer Weisheit und abendländischer aktiver, auf naturwissenschaftliche Einsicht gegründeter Tendenz zur Beherrschung der Natur«. Die Aufgabe, solch eine Synthese zu finden, besteht nach wie vor, und sie wird uns noch länger beschäftigen, weil sie die Menschen unmittelbar interessiert. Denn – wie Capra mit etwas zu großen Worten schreibt – »die Naturwissenschaft ist nicht auf die Mystik angewiesen und die Mystik nicht auf die Naturwissenschaft – doch die Menschheit kann auf keine der beiden verzichten«. Heisenberg selbst hat gezeigt, wie beide Qualitäten in ihm zusammengekommen sind. Wer liest, wie er seine entscheidende Entdeckung von 1925 darstellt, erkennt, daß es hier um ein mystisches Einheitserlebnis geht, das durch mathematische Symbole vermittelt wird. Heisenberg teilt uns die unmittelbare Erfahrung einer anderen Wirklichkeit mit, die allerdings nicht – als etwas Göttliches – höher, sondern – als etwas Ästhetisches – tiefer liegt und somit dem Säkularen verhaftet bleibt. Dieses ergreifende Erkennen und seine schlichte Darstellung hebt seine Autobiographie von dem *Tao der Physik* ab, das unentwegt Tiefe anstrebt und zuletzt eher versinkt als ankommt.

* 𝒪 𝒪 𝒪 𝒪   ◁◁◁◁◁

4

Niels Bohr

Atomphysik und menschliche Erkenntnis

Michael Frayn

Kopenhagen

ZUM BUCH *Atomphysik und menschliche Erkenntnis* enthält Aufsätze und Vorträge aus den Jahren von 1930 bis 1961. Die Texte sind zuerst 1964 und 1966 in zwei Bänden erschienen – bei Fried. Vieweg & Sohn in Braunschweig –, und 1985 im gleichen Verlag als (gekürzte) einbändige Neuausgabe auf den Markt gekommen, und zwar als Teil einer Reihe, die *Facetten der Physik* hieß. Zu dieser Ausgabe hat der Historiker Karl von Meyenn ein Vorwort beigesteuert, das erklärt, wie die Textsammlung im Laufe der Geschichte zustande gekommen ist. Sie beginnt mit vier Abhandlungen, die 1931 unter dem Titel *Atomtheorie und Naturbeschreibung* bei Julius Springer in Berlin erschienen sind.

ZUM AUTOR Niels Bohr ist am 7. Oktober 1885 in Kopenhagen geboren worden und am 18. November 1962 in der dänischen Hauptstadt gestorben. Sein Vater galt als berühmter Physiologe, und sein Bruder Harald wurde zu einem der bedeutendsten Mathematiker seines Landes (der zudem in der Fußballnationalmannschaft spielte, die bei Olympischen Spielen eine Silbermedaille gewann). Die Familie Bohr kennt man in Dänemark, nicht nur weil Niels den Nobelpreis für Physik bekommen hat, sondern weil auch sein Sohn Aage mit dieser Auszeichnung geehrt wurde (und bei den Enkeln alle Möglichkeiten offen sind). Niels Bohr hat die Physik früh durch sein Atommodell beeinflußt, das wegen seiner Anschaulichkeit bis heute berühmt ist, auch wenn die Wissenschaft sich weiter entwickeln konnte und das einfache Bild von Elektronen, die einen Kern umkreisen, nicht mehr haltbar ist, wie niemand besser wußte als Bohr selbst. Doch so schlicht Bohrs Modell heute wirkt, so schwer war es in den frühen Jahren des 20. Jahrhunderts, sein Grundkonzept durchzusetzen. Bohr mußte dies zum einen gegen die bewährte klassische Physik und zum zweiten gegen die Vorstellung tun, das Naturgeschehen ginge stetig und nicht sprunghaft vonstatten. Mit Bohr betreten die Quantensprünge die Bühne der Physik, von der sie längst fortgehüpft sind, um in der Alltagssprache ihren Dienst zu tun und der Wirtschaft zu helfen.

Bohr hat aber die Physik nicht nur durch wissenschaftliche Beiträge voran gebracht – etwa durch eine erste Erklärung des Periodensystems der Elemente und seine Theorie von Atomkernen –, er hat sich auch um soziale Aspekte gekümmert und es überhaupt verstanden, seiner Wissenschaft ein Haus zu bauen. Gemeint ist das Institut für Theoretische Physik am Blegdamsvej in Kopenhagen, das in den Jahren zwischen den Weltkriegen zum eigentlichen Zentrum der sich stürmisch entwickelnden Physik wurde. Bei Bohr trafen sich junge Forscher aus aller Welt, die in einer offenen Atmosphäre ihren Beitrag zum Umsturz liefern konnten, den das Weltbild der Physik damals erfuhr.

Die glücklichen Tage von Kopenhagen endeten, als die Nazis den Zweiten Weltkrieg begannen, und zwar kurz nachdem Chemiker entdeckt hatten, daß sich ein Atomkern spalten läßt und dabei die Energie freikommt, die Einstein schon 1905 berechnet hatte. Bohr versuchte weiterhin, die Lektion der Atome zu lernen, neben der philosophischen jetzt auch die politische, und er sprach mit den Führern der freien Welt, um sein Konzept einer offenen Welt vorzustellen, in der es Geheimnisse nur in der Natur (und nicht unter Menschen) gibt. Gehört wurde er von ihnen nicht.

ZUM TEXT Bohrs Texte sind der immer wieder neu unternommene Versuch, die (philosophische) Lektion der Atome zu lernen. Mit der Entwicklung der Atomphysik hat zwar unsere Kenntnis von der Natur zugenommen – »von der wir selbst ein Teil sind«, wie Bohr ausdrücklich betont –, aber zugleich sind die Wissenschaftler gegen unerwartete Grenzen für die Anwendbarkeit ihrer traditionellen Vorstellungen gestoßen. Mit dieser Situation gilt es, philosophisch fertig zu werden, und dies gelingt nur durch eine »Untersuchung der Voraussetzung für eine eindeutige Anwendung unserer elementaren Begriffe«, wobei dieses Bemühen »weit über den Rahmen der physikalischen Wissenschaft hinausweist«, weil es *Atomphysik und menschliche Erkenntnis* auf elementare Weise verbindet. Darum bemüht sich Bohr in immer neuen Anläufen, in denen er um jedes Wort ringt, wie seine Biographen zu berichten wissen (um sich dabei zugleich Sorgen um die Lesbarkeit Bohrscher Texte zu machen, die leider voller langer Sätze sind).

Anders ausgedrückt: Bohr versucht in seinen Aufsätzen und Vorträgen mit einer merkwürdigen Tatsache ins Reine zu kommen, der Tatsache nämlich, daß die Physiker zwar in der Lage waren, genau herausfinden zu können, wie sich Atome unter gegebenen Bedingungen verhalten, daß sie aber zugleich nicht mehr in der Lage waren, genau zu sagen, wie sich Atome unter den gegebenen Bedingungen verhalten. Bohr macht auf die »natürliche Begrenzung unserer Anschauungsformen« aufmerksam, die sich dem zeigt, der mit Worten beschreiben will, was ein Atom wirklich ist. Die Grenze ist offenbar dadurch bedingt, daß Atome auf keinen Fall zu den Dingen gehören, die dem menschlichen Auge zugedacht sind und von ihm erfaßt werden können. Kein Wunder also, daß etwa die traditionelle Unterscheidung von Welle und Teilchen bei Atomen und ihren Bestandteilen nicht aufrechterhalten werden kann, und tatsächlich lassen sich Experimente angeben und durchführen, in denen ein Atom 'mal das eine und 'mal das andere Verhalten zeigt, wobei sich die dazu benötigten

Anordnungen gegenseitig ausschließen und nicht gleichzeitig verwendet werden können. Dabei definiert Bohr ein Experiment, indem er sagt, das ist etwas, das Menschen gemacht haben und über das sie mit anderen reden können und wollen.

Was auf den ersten Blick eher wie ein Rückschritt und ein Verlust aussieht, wird von Bohr als Fortschritt erkannt und als Gewinn gefeiert. Denn wenn es erst die Art des Zugriffs ist, die festlegt, was ein Atom genau ist, dann bekommt das Wort »Atom« eine neue und wahrscheinlich tiefere Bedeutung, als es bisher hatte. Während »Atom« früher nur die Unteilbarkeit von Materie meinte, erfaßt das wundersame Wort jetzt die Unteilbarkeit zwischen einem menschlichen Beobachter und seinem Objekt der Begierde. Die Lektion der Atome lautet, daß eine Beschreibung der Wirklichkeit nicht vollständig ist, wenn ich darin nicht vorkomme – wenn ein Ich darin nicht vorkommt. Damit geht die neue Physik der Atome weit über die alte Lehre von den letzten Einheiten hinaus. Das Wort Atom bekommt einen neuen und höchst wunderbaren Sinn, nämlich den der Unteilbarkeit (Individualität, Untrennbarkeit) von Subjekt und Objekt, die man spontan als Ganzheit bezeichnen würde, wenn dieses Wort nicht überstrapaziert wäre.

Wenn man »das Ganze« auf Lateinisch sagt, heißt es »completum«, und von diesem Ausdruck leitet sich der Begriff der Komplementarität ab, den Bohr in die Wissenschaft einführt und in seinem Buch immer wieder anspricht. Komplementarität meint zunächst die schon erwähnte Tatsache, daß es Eigenschaften von Atomen oder Elektronen gibt, die in der Tiefe zusammengehören, obschon sie sich oberflächlich widersprechen. Diese Eigenschaften – gemeint ist zum Beispiel das schon erwähnte Duo aus Welle und Teilchen – lassen sich nur in Experimenten erfassen, deren gemeinsame, gleichzeitige Durchführung ausgeschlossen ist. Dies wiederum bedeutet, daß keine einzelne Beschreibung der Natur vollständig sein kann, sondern man zu jeder Darstellung eine zweite finden kann, die mit der ersten gleichberechtigt ist, auch wenn sie ihr scheinbar widerspricht.

Was in dieser abstrakten Form schwer verdaulich wirkt, ist uns im täglichen Leben eigentlich vertraut – wir wissen doch längst, daß es immer zwei Seiten einer Medaille gibt. Konkret bedeutet Komplementarität zum Beispiel, daß wir nie nur rational entscheiden, sondern stets irrationale Elemente (»aus dem Bauch heraus«) eine Rolle spielen. Menschen sind nie nur Individuen, sondern auch immer Mitglieder einer Gruppe. Farben kann man nicht allein physikalisch (à la Newton) durch Angabe von Wellenlängen verstehen, es gehört auch immer das Erlebnis des Sehens (à la Goethe) dazu. Die Natur ist nie nur eine Ressource, die sich ausbeuten läßt, sie ist auch stets der Urgrund (»Mutter Natur«), der uns hervorgebracht hat. Wasser kann man von unten – von den Molekülen (H_2O) – her analysieren, man kann es aber auch von oben – als trinkbare Flüssigkeit – verstehen, und keiner der beiden Ansätze hebt den anderen auf. Sie sind in der Tat zugleich gegensätzlich und gleichberechtigt.

Bohrs Idee der Komplementarität ist eine Idee der Toleranz, die nicht danach strebt, eine Dichotomie aus These und Antithese durch die Konstruktion einer Synthese aufzulösen, wie dies eine dialektisch geschulte Philosophie will. Bohr schlägt vielmehr vor und macht dazu Mut, die Spannung zwischen Gegensätzen auszuhalten. Dadurch wird die Einseitigkeit vermieden, in der Bohr keine Behaglichkeit finden konnte und die ihm eher gefährlich erschien, da sie einem Verständnis einzelner Menschen untereinander und unterschiedlicher menschlicher Kulturen im Weg steht. Die Einheit des Wissens war für Bohr nur komplementär zu haben, dem deshalb der Gedanke selbstverständlich war, daß es neben der wissenschaftlichen Wahrheit stets auch eine (gleichberechtigte) poetische Wahrheit gibt und daß es neben der westlichen auch eine östliche Tradition des Denkens gibt. Bohr hat sich sogar gerne auf Buddha und Lao-Tse bezogen und immer wieder deren Bemühungen zitiert, »einen Ausdruck für die Harmonie in dem großen Drama des Daseins zu finden, in dem wir zugleich Schauspieler und Zuschauer sind« (ohne dessen Autor zu kennen, wie dieser Autor an dieser Stelle einzufügen nicht unterlassen kann).

Bohr ist klar, daß komplementäres Denken weder leicht zu verdauen ist noch rasch und gerne Akzeptanz findet, und zwar nicht nur, weil es überhaupt schwierig ist, »gegenseitiges Verständnis nicht nur zwischen Philosophen und Physikern zu erreichen, sondern sogar zwischen Physikern verschiedener Schulen«, da sie alle die »Vorliebe für einen bestimmten Sprachgebrauch entwickelt haben«. Bohr erzählt dazu: »Im Kopenhagener Institut, wo in jenen Jahren eine Reihe junger Physiker aus verschiedenen Ländern zu Diskussionen zusammenkamen, pflegten wir uns in unseren Nöten oft mit Scherzen zu trösten, unter denen das alte Sprichwort von den zweierlei Wahrheiten beliebt war. Zu der einen Art Wahrheit gehören so einfache und klare Feststellungen, daß die Behauptung des Gegenteils offensichtlich nicht verteidigt werden könnte. Die andere Art, die sogenannten ›tiefen‹ Wahrheiten, sind dagegen Behauptungen, deren Gegenteil auch tiefe Wahrheit enthält.«

Bohr berichtet davon gegen Ende des längsten Beitrags, in dem er seine »Diskussion mit Einstein über erkenntnistheoretische Probleme der Atomphysik« darstellt. Einstein hält nicht viel von Heisenbergs Unbestimmtheit und Bohrs Komplementarität, und er sieht hierin so etwas wie eine Beruhigungsphilosophie, die seiner Ansicht nach nur weitere

Versuche entmutigt, zu der Objektivität und Bestimmtheit (Determinismus) der klassischen Physik zurückzukehren. Bohr schmerzt, daß er seinen Freund Einstein nicht davon überzeugen kann, daß die quantenmechanische Beschreibung der Wirklichkeit so vollständig (»completum«) ist, wie eine von Menschen gegebene Beschreibung nur sein kann.

Einsteins Einwände gegen die Komplementarität haben vor allem mit der weitergehenden Idee Bohrs zu tun, der in seinem Gedanken auch eine Verallgemeinerung der Kausalität sieht. Was in der Natur beobachtet wird, ist nicht unberührte Natur, sondern etwas, mit dem eine Wechselwirkung stattgefunden hat, die als Ursache wirkt. Und die kann seit der Entdeckung der Tatsache, daß die Natur Quantensprünge machen kann, nicht beliebig klein sein. Sie muß vielmehr mindestens die Größe erreichen, die durch das Quantum der Wirkung vorgegeben ist, das Max Planck entdeckt hat (wie weiter unten (S. 253) genauer nachzulesen ist). Wer die Geschwindigkeit eines Atoms feststellt, stellt sie gerade nicht fest im wörtlichen Sinne, sondern beeinflußt sie durch den Austausch an Energie, zu dem es kommen muß, um das Atom überhaupt registrieren zu können. Einstein wollte nicht, daß die Existenz der Wirklichkeit durch die Art bedingt wird, wie jemand sie anschaut, und er glaubte nicht, daß die Materie vor der Beobachtung keinen wohldefinierten Zustand einnimmt, sondern sich alle Möglichkeiten offen hält. Er hat sein Unbehagen in den legendären und immer wieder (auch hier bereits) zitierten Worten zusammengefaßt: »Gott würfelt nicht.«

Einstein hat diesen Satz zum ersten Mal Bohr gegenüber formuliert, der in seinem Buch darüber nicht nur authentisch berichtet und dabei vor allen Dingen Einsteins Humor betont, der in dem Argument deutlich wird, sondern der auch eine Antwort parat hat. Bohr schreibt:

»Einstein fragte uns ironisch, ob wir denn wirklich glauben könnten, daß die göttlichen Mächte ihre Zuflucht zum Würfelbecher nähmen (›... ob der liebe Gott würfelt‹), und ich antwortete darauf mit dem Hinweis auf die bereits von den Denkern des Altertums geforderte große Vorsicht, die geboten ist, wenn man der Vorsehung Eigenschaften in der Umgangssprache zuschreibt.« Mit anderen Worten, wir wissen gar nicht, was wir meinen, wenn wir sagen, Gott würfelt oder Gott würfelt nicht. Wir wissen nur, was wir meinen, wenn wir sagen, Bohr würfelt oder Einstein würfelt nicht.

Über die Physik hinaus interessierte Bohr noch die Frage, welche Folgen der mit dem Gedanken der Komplementarität nötige Verzicht auf eine einfache Kausalitätsbeschreibung von Wirklichkeit für die Biologie haben könnte. Was ist die Lektion der Atome für das Leben? Für ihn war es selbstverständlich, daß es eine Analogie zur Physik geben müsse. Wenn diese Forschungsrichtung keine mechanische Analyse der Stabilität von (toter) Materie zustande bringen kann, wie soll dann einer Wissenschaft die mechanische Analyse der Dynamik von lebendiger Materie möglich sein? Bohr glaubte sogar, daß eine moderne Biologie nur errichtet werden kann, wenn sie so anfängt wie die Physik, und das heißt, indem sie etwas als gegeben hinnimmt, das nicht weiter erklärt werden kann. Für die Physik sind dies die Elementarpartikel, aus denen die Atome werden, und die Unstetigkeit (Quantensprung), mit der sie zwischen verschiedenen Zuständen wechseln können. Bohr sprach von den »irrationalen Elementen« seiner Wissenschaft, da sie (rational) nicht ableitbar sind. Und »von diesem Gesichtspunkt aus muß die Existenz des Lebens als eine Elementartatsache aufgefaßt werden, für die keine nähere Begründung gegeben werden kann und die als Ausgangspunkt für die Biologie genommen werden muß.«

Ein spannender Gedanke, der darauf hinweist, daß die Lektion der Atome immer noch zu lernen ist. Bei Bohr kann man damit anfangen.

***** 👓 👓 ✍️ ✍️

ÜBRIGENS   Wenn von Bohr und Heisenberg die Rede ist, kann nicht das berühmte Gespräch zwischen den beiden Genies außer acht gelassen werden, das sie im September 1941 in Kopenhagen geführt haben bzw. führen wollten. Der Rahmen ist klar zu zeichnen: Deutschland hatte den Zweiten Weltkrieg begonnen und inzwischen auch Dänemark besetzt. Und die Wissenschaftler hatten erkannt, daß sich der Urankern spalten und die freiwerdende Energie zum Bau einer Atombombe nutzen läßt. Heisenberg hat das Gefühl und die Hoffnung, daß die Physiker noch selbst entscheiden können, ob sie ihre Fähigkeiten zu diesem Zweck einsetzen wollen, und er denkt, er könne darüber mit Bohr sprechen. Deshalb fährt er nach Kopenhagen.

Bekanntlich mißlingt das Gespräch. Es scheint, daß Bohr es sofort abbricht, als das Wort »Atombombe« fällt, und mehr wissen wir nicht. Genauer gesagt: Mehr wissen die Historiker nicht, da es keine Dokumente über das Treffen gibt, das deshalb für alle Welt so spannend ist, weil auf einmal sämtliche Themen höchst konkret und dringend zusammenlaufen, die sonst unter der Rubrik »Verantwortung des Forschers« nur allgemein und unverbindlich erörtert werden. Wir wüßten so gerne, was Bohr und Heisenberg damals im September 1941 besprochen haben, und seit 1998 wissen wir es auch. In diesem Jahr ist das Theaterstück *Kopenhagen* des englischen Dramatikers Michael Frayn erschienen, das mit großem Erfolg auf Bühnen in London, New York, Berlin und anderswo gelaufen ist. Die englische

Originalausgabe ist bei Methuen Drama (London) erschienen, eine deutsche Übersetzung gibt es seit 2001 bei Wallstein, wobei der Verlag dem Theatertext noch zehn wissenschaftliche Kommentare an die Seite stellt. Deutsche deuten – wie immer – gründlich, vor allem das, was auf einer Bühne passiert.

Frayn, der ausführlich in den Archiven des Niels-Bohr-Instituts in der dänischen Hauptstadt recherchiert hat, läßt seine Figuren – Heisenberg, Bohr und seine Frau Margarethe – in der Welt der Toten auftreten, was deshalb möglich ist, da »manche Fragen weiter existieren, auch wenn die Fragenden schon längst gestorben sind«. Der Dichter nutzt seine Freiheit, indem er die Hauptfiguren das Gespräch in mehreren Versionen durchspielen läßt, wobei er auf wunderbare Weise das wissenschaftliche Hauptproblem der Quantenmechanik mit verwendet. Wie Bohr und Heisenberg als erste erkannten (und oben beschrieben worden ist), gehört zu einem Phänomen, daß es beobachtet wird. Nun beobachten sich die Helden selber, und sie stellen fest, sie finden nicht heraus, was sie wirklich gesagt haben. Sie finden nur heraus, was zu sagen ihnen möglich war. Im Herzen aller Dinge bleibt immer ein Kern von Unbestimmtheit, wie das Schlußwort des Dramas lautet, das Heisenberg zufällt.

Das Wunderbare an *Kopenhagen* ist die Illustration, die es zu Bohrs Einsicht liefert, daß wir alle Zuschauer und Mitwirkende am großen Drama des Lebens sind. Wer dem Trio aus dem Ehepaar Bohr und Heisenberg zuschaut, verteilt bald seine Sympathien, und zwar immer wieder neu. Er versetzt sich in die handelnden Personen und wird so zuletzt ganz spielerisch ein Teilnehmer an der Diskussion über die Bedeutung und Funktion der Wissenschaft. Mehr ist einem Text nicht möglich.

5

Erwin Schrödinger

Was ist Leben?

Max Delbrück

Wahrheit und Wirklichkeit

ZUM BUCH *Was ist Leben?* ist als Buch eines deutschsprachigen Autors 1944 ursprünglich auf Englisch (*What is Life?*) erschienen und markiert auf diese Weise den Wechsel, den die Wissenschaftssprache im Zweiten Weltkrieg vollzieht. Als Verlag tritt die berühmte Cambridge University Press auf. Die erste deutsche Übersetzung läßt etwas auf sich warten. Sie kommt erst 1951 durch den A. Francke Verlag in Bern auf den Markt, der mit dem Leo Lehnen Verlag in München eine Lizenzausgabe für die Bundesrepublik vereinbart. Seit 1987 erscheint *Was ist Leben?* im Piper Verlag in München, der 1989 die Taschenbuchausgabe (Band 1134) herausbringt, die inzwischen viele Auflagen erlebt hat.

ZUM AUTOR Erwin Schrödinger ist 1887 in Wien geboren worden und 1961 in seiner Heimatstadt gestorben. Geliebt hat er das Philosophieren, aber berühmt geworden ist er als Physiker, und hier vor allem durch seinen Beitrag zu der Physik der Atome, die als Quantenmechanik bekannt ist. 1926 stellt Schrödinger eine Gleichung – die legendäre Schrödinger-Gleichung – vor, mit der das Verhalten von Atomen und ihren Teilchen genau beschrieben werden kann, allerdings mit der Besonderheit, daß die Schrödinger-Gleichung nicht für eine Größe der realen Welt gilt, sondern für ein mathematisches Gebilde mit imaginären Dimensionen, aus dem sich aber – nach einer einfachen Rechenvorschrift – die experimentelle Wirklichkeit berechnen läßt. Mit der Schrödinger-Gleichung werden die chemische Bindung, die Radioaktivität und andere Eigenschaften der Materie verständlich. Ihr Erfinder erlangt Weltruhm und bekommt den Nobelpreis für Physik, und zwar im Jahre 1933. Schrödinger war damals Professor in Berlin, wo es ihn nach dem Machtantritt der Nazis nicht mehr hält. Er geht nach Graz, von wo er 1938 erneut fliehen muß. Er findet Unterschlupf in Dublin, weil die irische Regierung hier ein Institute for Advanced Studies eingerichtet hat. In dessen Diensten bleibt Schrödinger bis 1956, und dabei kann er in Ruhe seinen philosophischen Gedanken nachgehen, was er immer schon lieber getan hat, als Physik zu treiben – wobei zu bemerken ist, daß Schrödinger etwas Drittes noch lieber getan hat, nämlich Frauen nachzustellen. Trotzdem: Wenn es seine Zeit erlaubt, versucht er vor allem, die merkwürdigen Besonderheiten der neuen Atomlehre zu verstehen, die er anders deuten will als seine Kollegen Bohr und Heisenberg. Seine Einwände gegen die Unbestimmtheit und die Komplementarität bringt er in dem einprägsamen Bild von der Katze auf den Punkt: Diese wird zusammen mit einer Vorrichtung in einen Kasten gesperrt, deren Ingangsetzung Gifte freisetzen kann, die zum Tode der Katze führen. Der Beobachter vor dem Kasten weiß allerdings nicht, ob der Mechanismus schon ausgelöst worden ist. Das Beispiel ist von Schrödinger nun so konstruiert, daß es der Akt der Beobachtung zu sein scheint, der die Katze umbringt (falls dies passiert), was Schrödinger für ebenso absurd wie Heisenbergs Deutung der Quantenwirklichkeit hielt. Seitdem versuchen die Anhänger Bohrs, das süße Tier am Leben zu halten.

ZUM TEXT Es klingt zwar merkwürdig, aber um die Frage *Was ist Leben?* geht es in Schrödingers Buch genau genommen nicht – jedenfalls nicht in der ganzen Fülle, die mit »Leben« gemeint sein könnte. Es geht »nur« um die weniger komplizierte Frage, wie Vererbung vor sich geht. Wie schafft es das Leben, die Ordnung, die einen Organismus auszeichnet, zu erhalten und von Generation zu Generation so weiterzugeben, daß sie sich immer wieder neu entfalten kann? Schrödinger stellt sich diese Frage als der Physiker, der er ist und der gelernt hat, daß eher das Gegenteil passiert und eine vorhandene Ordnung meist spontan zerfällt. Diesen Tatbestand hat seine Zunft sogar in einem Hauptsatz der Wärmelehre festgeschrieben, in dessen Zentrum der merkwürdige Begriff der Entropie steht. Mit diesem Konzept war es den Physikern des 19. Jahrhunderts gelungen – vornehmlich in Schrödingers Geburtsstadt Wien –, ein Maß für die Unordnung zu finden, die ohne Zutun von selbst – also auf natürlichem Weg – entsteht, wenn keine Energie zur Erreichung des Gegenteils aufgewendet wird. Schrödinger betrachtet in seinem Buch *die lebende Zelle mit den Augen eines Physikers,* und er versucht die geheimnisvolle Stelle zu lokalisieren, wo es dem Leben gelingt, der Physik ein Schnippchen zu schlagen und die erreichte Ordnung zu bewahren. Er kommt zu der Ansicht, daß man es einmal mit dem Gegenteil der Entropie versuchen sollte. Doch bevor sich jetzt ein Leser abwendet und verzweifelt fragt, wie er das Gegenstück einer Sache verstehen soll, während er sie selbst noch nicht begriffen hat, kann man ihn schnell beruhigen. Denn wie durch ein Wunder fällt Schrödinger nicht auf den Kopf. Vielmehr landet er mit seinem doppelten Salto auf den Beinen und kommt überraschend zum Stehen. Das Gegenteil der Entropie – so wird nämlich deutlich – ist uns bekannt. Wir kennen es als Information, und um die geht es – nicht nur Schrödinger in seinem Buch, sondern allgemein im Leben, das sich vermehren will –, jedenfalls versteht es so die Biologie, die nach der Frage *Was ist Leben?* kam.

Als Schrödinger über die Frage nachdachte, wie sich Leben mit Hilfe der Physik verstehen läßt, steckte der uns heute so vertraute Begriff der Information noch in den wissenschaftlichen Kinderschuhen, und von einer breiten Verwendung konnte überhaupt keine Rede sein. Wenn man so will, hat Schrödinger diese Idee in der Wissenschaft ernst genommen und in der Öffentlichkeit verankert. Er hat sie diskursfähig gemacht, wie es manchmal heißt. Und während er dies tut, macht er – fast nebenbei – Vorschläge, die der künftigen Biologie die Richtung weisen. Schrödinger lenkt die Aufmerksamkeit auf die Substanzen in einer Zelle, die man Gene nennt und die heute ungeheuer populär sind. Er entwickelt die Vorstellung, daß ihre Kenntnis das Geheimnis lösen kann, das im Leben steckt. Es sind die Gene, welche die Ordnung des Lebens garantieren und von Generation zu Generation weitergeben, und es sollte zu den spannendsten Fragen der Wissenschaft gehören, herauszufinden, wie ihnen dies trotz der physikalischen Gesetze über die Zunahme von Unordnung gelingt. Schrödinger schreibt ihnen einen »Code der Vererbung« zu und erklärt die Erforschung der Natur der Gene als die große Herausforderung der künftigen Forschung. Die Gene müssen – was für einen Physiker fast selbstverständlich ist – aus Atomen bestehen. Sie sind eine »Atomgruppe«, und es gilt herauszufinden, wie solch ein Gebilde als »Ausgangspunkt geordneter Vorgänge« auftreten kann, »die in wunderbarer Weise und nach höchst subtilen Gesetzen aufeinander und auf die Umwelt abgestimmt sind«. Die Gene kommen ihm auf den ersten Blick wie eine Zentralgewalt vor, »die mit anderen gleichartigen Ämtern, die über den ganzen Körper verteilt sind, mühelos mittels des gemeinsamen Codes verkehrt«.

Wenn Schrödinger Sätze dieser Art schreibt, entschuldigt er sich fast bei dem Leser für seine »etwas phantastische Darstellung, die vielleicht weniger zu einem Mann der Wissenschaft als zu einem Poeten paßt«. Aber vermutlich lesen wir seinen Text genau aus diesem Grund bis heute, weil er sich erfolgreich bemüht, Sätze nicht nur zur sachlichen Information, sondern zum literarischen Vergnügen zu schreiben, etwa wenn er festhält, daß Gene nicht »plumpes

Menschenwerk« sind, »sondern das feinste Meisterstück, das jemals nach den Leitprinzipien von Gottes Quantenmechanik vollendet wurde«.

Mit diesem Satz endet Schrödingers Buch, und man kann sich gut Leser vorstellen, die nun Lust haben, mehr von diesem genetischen Meisterstück und seiner Anfertigung zu erfahren. Einer von ihnen – James D. Watson – hat tatsächlich so reagiert und das daraus resultierende Vorhaben erfolgreich zum Abschluß gebracht, wie er in dem nächsten Buch beschrieben hat, das in dieser Reihe vorgestellt wird. Watson hat bei seinem Suchen nach den Genen auch ein Prinzip ernst genommen, das Schrödinger im Vorwort seines Buches anspricht und das heute fast noch dringender klingt als damals vor 60 Jahren, als es geschrieben wurde. Schrödinger weist auf den Gegensatz zwischen den einzelnen Disziplinen der Wissenschaft und dem »Streben nach einem ganzheitlichen, alles umfassenden Wissen« hin, das die Menschen seit frühesten Zeiten auszeichnet. Er hält es für die Pflicht der Forscher, immer wieder den Versuch zu unternehmen, »unser gesamtes Wissensgut zu einer Ganzheit zu verbinden«. Da er ihn selbst mit seinen Überlegungen zu der Frage *Was ist Leben?* unternimmt, weiß er auch, welches Risiko ihn erwartet, wenn er mit »Wissen aus zweiter Hand« umgeht. Das Risiko besteht darin, »sich lächerlich zu machen«. Doch dies muß man aushalten. Diesen Mut verlangt Schrödinger von seinen Kollegen. Er muß nach wie vor eingefordert werden.

***** 𝓰𝓸 𝓰𝓸 𝓰𝓸 𝓰𝓸 𝓰𝓸 〰〰〰

ÜBRIGENS Im Zentrum von Schrödingers Buch geht es konkret um die »Besprechung und Prüfung von Delbrücks Modell«. So lautet die Überschrift des fünften Kapitels. Mit den letzten beiden Worten ist ein Vorschlag gemeint, den der aus Berlin stammende Max Delbrück (1906–1981) im Jahre 1935 vorgelegt hat, und zwar in einer Arbeit, die auf Umwegen in Schrödingers Hände gelangt ist. In dieser Arbeit geht es um »die Natur der Genmutation und Genstruktur«, und Delbrücks Modell basiert auf Vorarbeiten des russischen Genetikers N. W. Timoféef-Ressovsky und des deutschen Physikers K. G. Zimmer. Das interdisziplinäre Trio konstatiert, daß Gene als »Atomverband« zu verstehen sind und auf diese Weise eine eigene Einheit darstellen, die unterhalb (oder innerhalb) der Ebene der Zelle zu finden ist.

Schrödinger macht keinen Hehl aus der Tatsache, daß seine Ausführungen zu den Genen und zum Leben als Erläuterungen zu der Arbeit von Delbrück (und Co.) zu verstehen sind, die auch rund zehn Jahre nach ihrem Erscheinen noch maßgeblich ist. Der berühmte Nobelpreisträger verhilft dem bis dahin wenig bekannten Delbrück zu großem Ruhm in der Gemeinde der Wissenschaftler, als er schreibt, daß die von Delbrück vorgelegte Erklärung der Erbsubstanz »die einzig mögliche ist«, um die Stabilität von Genen und ihren Varianten (Mutationen) zu verstehen: »Die physikalische Betrachtungsweise läßt keine andere Erklärung ihrer Beständigkeit [gemeint ist die der Gene] zu. Wenn das Delbrücksche Bild versagen sollte, müßten wir alle weiteren Erklärungsversuche aufgeben.«

Als Schrödinger dies schreibt (1944), arbeitet Delbrück in den USA. Auch er hat das Deutschland der Nazis verlassen. Sein Interesse gilt Viren, die Bakterien angreifen und zerstören können, und mit ihrer Hilfe gelingt es ihm – zusammen mit vielen Kollegen –, die neue Biologie zu etablieren, die wir als Molekularbiologie kennen. Nach dem Zweiten Weltkrieg wird Delbrück Professor am California Institute of Technology in Pasadena bei Los Angeles, und er bleibt hier bis zum Ende seines Lebens. 1969 wird ihm – zusammen mit S. E. Luria und A. D. Hershey – der Nobelpreis für Physiologie oder Medizin verliehen. Wenige Zeit später – in der Mitte der 1970er Jahre – hält Delbrück seine Abschiedsvorlesungen, und in ihnen versucht er, das Verhältnis von *Wahrheit und Wirklichkeit* zu erkunden, so wie er es im Laufe seiner wissenschaftlichen Karriere erfahren hat. Er nimmt die selbstgestellte Aufgabe so ernst, daß er mit der Anfertigung eines Buchmanuskripts beginnt, das Freunde nach seinem Tod abschließen. *Wahrheit und Wirklichkeit* erscheint 1986 im Hamburger Rasch und Röhring Verlag. In ihm ringt Delbrück mit drei »naiven Fragen«, wie er selbst sagt:

»Wie können wir eine Theorie des Universums ohne Leben – und daher ohne Geist – entwerfen und dann erwarten, daß sich Leben und Geist aus diesem unbelebten und unbeseelten Anfang heraus entfalten?

Wie können wir die Evolution der Organismen ersinnen, bei der der Geist streng als adaptive Antwort auf den Selektionsdruck konzipiert ist, der solche Exemplare bevorzugt, die sich mit dem Leben in der Höhle zurechtfinden, und dann erwarten, daß dieser Geist in der Lage ist, die tiefgründigsten Einsichten in die Mathematik, die Kosmologie, die Materie, in die allgemeine Organisation des Lebendigen und den Geist selbst hervorzubringen?

In der Tat, ist es überhaupt sinnvoll, den Standpunkt einzunehmen, daß die Fähigkeit, die Wahrheit zu erkennen, aus toter Materie entstanden ist?«

Wer Delbrücks Antworten liest, versteht mehr von den Fragen, und er sieht Möglichkeiten und Grenzen der Wissenschaft besser.

**** 𝛿𝛿 𝛿𝛿 𝛿𝛿 𝛿𝛿 ◁◁

6

James D. Watson
Die Doppelhelix

Erwin Chargaff
Das Feuer des Heraklit

Der *persönliche Bericht über die Entdek-kung der DNA-Struktur* – so der Untertitel der *Doppelhelix* – erscheint 1968 zugleich im New Yorker Atheneum Verlag und bei Weidenfeld und Nicolson in London. Die deutsche Übersetzung kommt im Januar 1969 bei Rowohlt heraus. Natürlich gibt es längst zahlreiche Taschenbuchversionen, aber einen eigenen Hinweis verdient die Paperback Ausgabe, die der New Yorker Verlag W. W. Norton im Jahre 1980 vorlegt. Er nimmt *Die Doppelhelix* in seine Reihe »Norton Critical Editions« auf, in der große Texte von Homer bis heute vertreten sind und erläutert werden. Die Kommentierung geschieht im Fall der *Doppelhelix* vor allem durch eine Zusammenstellung von Kritiken, die sich seit dem Erscheinen der Erstausgabe mit dem Buch beschäftigt haben. Und als besondere Zugabe bietet die Kritische Ausgabe die Originalarbeit von 1953, in der die Molekülstruktur das Licht der wissenschaftlichen Welt erblickte, die dem Buch seinen Titel gab.

James D. Watson ist im April 1928 in Chicago geboren worden und rasch durch das amerikanische Schulsystem gekommen. Bereits als Teenager kommt er an die Universität, und im Alter von 22 Jahren wird er promoviert. Er versucht sich in der noch sehr jungen Wissenschaft namens Genetik, wozu ihn die Lektüre von Schrödingers *Was ist Leben?* gebracht hat. Watson will wissen, was ein Gen ist, und er denkt, daß man die Frage beantworten kann, wenn man die Struktur der Moleküle kennt, aus denen Gene bestehen. Gegen den allgemeinen Trend ist Watson davon überzeugt, daß Gene aus den Nukleinsäuren bestehen, die Chemiker seit dem 19. Jahrhundert kennen und mit den drei

Buchstaben DNA* abkürzen. Zielstrebig steuert Watson zu Beginn der 1950er Jahre das Laboratorium im britischen Cambridge an, in dem man sich intensiv mit dieser Substanz beschäftigt. Wie er dabei noch vor seinem 25. Geburtstag zum Erfolg kommt, erzählt das Buch, das mit der Entdeckung der Doppelhelix endet und seinen Helden in einer schwierigen Situation zurückläßt. Watsons Entdeckung ist nämlich so groß und bedeutend, daß er fortan kaum noch mit einem größeren Erfolg in der Forschung rechnen kann. Er konzentriert sich von nun an auf andere Aufgaben und macht Karriere sowohl als Lehrer als auch als Manager der neuen Biologie. Er baut die Biologie an der berühmten Harvard Universität auf, er schreibt das viele Jahrzehnte hindurch maßgebliche Lehrbuch der Molekulargenetik – *The Molecular Biology of the Gene* –, er wird Direktor eines kleinen Laboratoriums auf Long Island und wandelt es in ein weltweit führendes Forschungs- und Lehrzentrum um, in dem selbstverständlich alle Finessen der Gentechnik auf dem Programm stehen, die Watson als entscheidende Hilfe bei dem Versuch ansieht, Krebs zu verstehen und zu besiegen. In den frühen 1990er Jahren nutzt er seinen Bekanntheitsgrad, um das »Humane Genom Projekt« auf den Weg zu bringen, mit dem das menschliche Erbgut offengelegt werden soll. Die Gemeinde der Wissenschaftler gibt sich alle Mühe, die Reihenfolge der drei Milliarden Bausteine, die das genetische Material einer Zelle des Menschen ausmachen, so zeitig zu ermitteln, daß sie in öffentlichen Datenbanken verfügbar werden, bevor im Frühjahr 2003 die Entdeckung der Doppelhelix ihren 50. und Watson selbst seinen 75. Geburtstag feiert.

---

* DNA kürzt das englische Wort für die Säure ab, die auf deutsch Desoxyribonukleinsäure (DNS) heißt. Wie bei Schrödinger erwähnt – die Wissenschaftssprache ist Englisch, Säure heißt »acid« und das Molekül DNA.

In der *Doppelhelix* wird Forschung nicht als ehrfürchtige Suche nach ewigen Wahrheiten vorgestellt, die von selbstlosen und asketisch veranlagten Mitgliedern der menschlichen Gesellschaft ohne persönliche Ambitionen im fairen und offenen Gedankenaustausch und bar jeder finanziellen Interessen durchgeführt wird. Vielmehr stellt Watson den Alltag im Laboratorium so dar, wie er ihn erlebt hat, wie er in dem einen Fall vielleicht sogar wirklich war und wie er sich sicher ähnlich an vielen Orten der Wissenschaft abspielen könnte – als ein trickreiches Gerangel um Anerkennung und Büroraum, als ein wuchtiges Bemühen um Kompetenz, als ein ehrgeiziges Treiben geleitet von unwissenschaftlichen Motiven, die vom nationalen Stolz bis zum *cherchez la femme* reichen und bei dem die meiste Zeit offenbar für den Weg zu oder von einer Kneipe, bei dem Besuch einer Party und an einem anderen Ort des Vergnügens draufgeht.

Zwar haben Historiker immer schon davon geträumt, einmal zu erfahren, »wie es eigentlich gewesen« ist, um eine Forderung des großen Leopold von Ranke zu zitieren, aber obwohl – oder gerade weil – Watsons Bericht über die Entdeckung der Doppelhelix genau dies zu liefern scheint, bleibt die Zunft skeptisch. Sie weiß wohl, daß biographische Texte allein deshalb immer als gefälscht oder irreführend angesehen werden sollten, weil sie – um lesbar zu sein – einen erzählbaren und den Leser entlang der wissenschaftlichen Wege führenden Zusammenhang herstellen müssen, der in der Wirklichkeit nicht unbedingt bestanden haben muß – jedenfalls kann dies niemand wissen. Wenn es dem Schreiber zusätzlich gelingt, einen durchgängigen Strang der Handlung zu erfinden, an dem man gerne mitgezogen hätte bzw. bei dem sich jeder leicht vorstellen kann, daß es sich tatsächlich so abgespielt haben könnte, dann ist er schon ganz nah an einem erfolgreichen Titel, und das ist

Die Doppelhelix wirklich, die übrigens lange gebraucht hat, um ihren endgültigen Titel zu bekommen.

Der fiktive Zusammenhang, der das Buch so spannend und nachvollziehbar macht, ist Watsons im Text nur hypothetische im Rückblick aber überzeugende Vorgabe, daß die Suche nach der DNA-Struktur ein atemloses Wettrennen um den Nobelpreis war, das zugleich gegen gigantische Figuren der Wissenschaftsgeschichte wie Linus Pauling in der Ferne und gegen lästige Konkurrenten wie Maurice Wilkins in der Nähe geführt wurde. Möglicherweise war dies nur Watsons jugendlich ungestüme Sicht, denn der ein Dutzend Jahre ältere Mann, mit dem er zusammengearbeitet hat und ohne den er ziemlich verloren gewesen wäre – gemeint ist der Brite Francis Crick –, hat dieses Starren auf die Stockholmer Ehrung immer bestritten und bei der aus vielen Gründen mühsamen und schwierigen täglichen Arbeit im Laboratorium keineswegs von höheren Weihen und festlichen Sphären geträumt. Dies ändert natürlich nichts an der besonderen Größe der gemeinsamen Entdeckung, die viele Kollegen bei Betrachtung des Modells von einer Offenbarung reden ließ. Die ästhetische Qualität der Doppelhelix hat den wissenschaftlichen Zeitgenossen oft den Atem stocken gelassen. Das Modell der DNA hat mit seinen anschaulichen Erklärungsmöglichkeiten des Lebens unterschiedliche menschliche und wissenschaftliche Wirkungen gehabt, von denen eine ungeschminkt bekannt geworden ist, nämlich die des Autors Watson. Wieso soll man sich auch nicht von solch einer Entdeckung entzünden lassen und den Mut zu kühnen und kühnsten Unternehmungen fassen?

Warum soll er die Freude über die Doppelhelix und das Vergnügen an seinem Triumph verstecken? Wer die Doppelhelix nicht nur außen als Modell vorgeführt bekommt, sondern dabei das gestaltende Prinzip des Lebens plastisch und direkt vor Augen hat, muß doch existentiell so erschüttert sein, daß er sein Leben ändern muß, wie es ein Dichter sagen würde. Und so leuchtet unmittelbar ein, daß sich Watson im Moment des Auftauchens und Auffindens der Doppelhelix und in den Tagen ihrer Vorstellung vornimmt, in einigem zeitlichen Abstand die Geschichte der Entdeckung und seine dabei gemachten persönlichen Erfahrungen mit all ihren menschlich, allzumenschlichen Details zu erzählen. Er setzt sein Ziel dabei sehr hoch an, denn er will gerade nicht bloß einen sachlich informierenden Bericht, er will vielmehr einen auch literarischen Kriterien genügenden Text produzieren, und *Die Doppelhelix* muß und kann an diesem Anspruch gemessen werden.

Das Attribut »literarisch« ist wichtig und wird von Watson ernst gemeint. Er will nicht das sensationelle Ergebnis und die im Normalfall wenig aufregenden Eigentümlichkeiten vieler der beteiligten Persönlichkeiten – von Rosalind Franklin bis Francis Crick – ausnutzen, um die Wissenschaft als einen gut verkäuflichen Jahrmarkt der Eitelkeiten vorzuführen, hinter dessen glänzender Fassade viele Niederträchtigkeiten ihren Platz finden. Watson will etwas ganz anderes, nämlich eine Erzählung schreiben, und damit ist eine literarische Kategorie gemeint. Sein Bericht über die Doppelhelix soll »a work of literature« – ein Stück Literatur – werden, das zunächst unter der Überschrift *Honest Jim – Der ehrliche Jim* – entsteht. Dieser später verworfene Titel wird durch eine einseitige Eröffnungsszene verständlich, die als einzige Episode des Buchs die Chronologie der Ereignisse durchbricht und Watson – anders als im Text selbst – völlig passiv zeigt. Er schildert hier zum Auftakt die Begegnung mit dem Briten Willy Seeds, einem Biologen, der zur Zeit von Watsons Erfolg ebenfalls in Cambridge war, und die beiden treffen sich im Sommer 1955 überraschend an einem unwahrscheinlichen Ort, nämlich auf einem Kletterpfad in den Schweizer Alpen. Doch statt für einen kleinen freundlichen Schwatz anzuhalten, beschleunigt Seeds seine Schritte und ruft eher verächtlich: »How's honest Jim?«, »Wie geht es denn dem ehrlichen Jim?«

Noch bevor das Stück bzw. die Erzählung beginnt, hat Jim damit dem Leser erstens klargemacht, daß es auf den folgenden Seiten keineswegs um die Wahrheit und nichts als die Wahrheit geht – außer in einem poetischen Sinn –, und er hat zweitens zum Ausdruck gebracht, daß selbst unter wissenschaftlichen Kollegen der Charakter des Erzählers angezweifelt wird. Leider wird Watsons Text weder von den Kollegen noch von literarisch erfahrenen Lesern geeignet gewürdigt, um dieses Element der Konstruktion hinreichend aufmerksam zur Kenntnis zu nehmen, und so wirft man ihm entweder eine Verzerrung der wissenschaftlichen Wirklichkeit vor oder erfreut sich eher schlicht an seinen kollegialen Klatschgeschichten.

Während Watson in den 1960er Jahren das Manuskript zur *Doppelhelix* anfertigte, stieg in ihm tatsächlich die Befürchtung auf, daß viele Biologen das alles falsch verstehen werden und nur wissen wollen, wer wann welche Idee und welche Daten zu der Doppelhelix beigetragen hat. Er spielte daher zwischendurch mit dem Gedanken, seine Beschreibung des Weges zur Doppelhelix *Base Pairs* zu nennen, was vielleicht eindeutig zu sein scheint, aber mit einer Doppeldeutigkeit spielt, die im Deutschen nicht mit einer Wendung alleine wiedergegeben werden kann. Eine Übersetzung der beiden Worte kann nämlich sowohl »Basenpaare« als auch »Basispaare« heißen. Im ersten Fall wären natürlich die chemischen Bausteine der DNA gemeint, auf deren Paarung es letztlich ankam und ankommt, aber im zweiten Fall könnten die Forschergruppierungen gemeint sein, die sich um die Struktur der DNA mühten – ein Basispaar bestand aus Watson und Crick in Cambridge, während es ein zweites Basispaar in London gab, das aus Maurice Wilkins und Rosalind Franklin bestand. Dieses Team sollte sich ursprünglich alleine um die DNA kümmern, und es gehört zu den zugleich spannenden und umstrittenen Momenten der *Doppelhelix*, als es Watson gelingt, Daten aus dem Laboratorium von Frau Franklin an sich zu bringen. Nach der Publikation hat es viel Wirbel um die Darstellung von Rosalind Franklin gegeben, die schon vor dem Erscheinen des Buches an Krebs gestorben war. Zwar schildert sie Watson im Text selbst als eine humorlose und sture Jungfer, aber im Nachwort betont er, daß dies nur sein Eindruck als unreifer Twen in den frühen 1950er Jahren war. Tatsächlich sei Rosalind Franklin eine exzellente Wissenschaftlerin gewesen, die bis zu ihrem frühen Tod auf hohem Niveau gearbeitet hätte.

Während die *Doppelhelix* mit Rosalind Franklin endet, beginnt Watson sein Buch – nach dem Prolog in den Alpen – mit Crick, wobei Puristen natürlich darauf aufmerksam machen könnten, daß das gerade nicht der Fall ist, denn der erste Satz der *Doppelhelix* lautet: »I never saw Francis Crick in a modest mode.« – »Ich habe Francis Crick nie bescheiden gesehen.« Die Erzählung beginnt also mit Watson selbst, wobei der Satz trotzdem gut ist. Als er Watson einfällt, ist er sicher, insgesamt einen guten Text produzieren zu können. Er glaubt an das Rezept, daß ein guter erster Satz die Schleusen des Schreibens öffnet, und in diesem Fall ist es so gewesen. Wer die *Doppelhelix* liest, bekommt bei der ersten Lektüre eine Geschichte erzählt, die ihn nicht losläßt. Und wer sich den Text zum zweiten Mal vornimmt, wie es sich bekanntlich bei jedem guten Buch gehört, kann eine Menge über Chemie und Biologie lernen. Das Buch ist voll von Details aus der wissenschaftlichen Arbeit, auch wenn dies oft unbemerkt geblieben und noch nie angemerkt worden ist.

***** 𝒻 𝒻 𝒻 𝒻 𝒻

Als Watson und Crick zwar zielbewußt an der DNA arbeiteten, aber noch nicht sehr viel über Nukleinsäuren wußten, bekamen sie Besuch von dem Mann, der auf diesem Gebiet Experte war. Gemeint ist Erwin Chargaff (1905–2002), der Professor für Chemie in New York war und nach seiner Emeritierung eine zweite Karriere als literarischer Kritiker der Wissenschaft gemacht hat. Zum Bestseller geworden ist seine Autobiographie *Das Feuer des Heraklit,* die 1978 auf Englisch (*Heraclitean Fire*) und ein Jahr später auf Deutsch im Klett-Cotta Verlag in einer Fassung erschienen ist, die Chargaff selbst eingerichtet hat. Das stilistisch glänzende Buch fällt durch zahlreiche Bildungsdetails und Sarkasmen auf – Chargaff nennt uns etwa englischsprachige Meisterwerke, die er als Schüler »in der schlechten Dingelstedt-Übersetzung« gelesen hat, und er beschreibt den Fürsten Metternich als den »Kissinger des 19. Jahrhunderts – nur besser aussehend«.

Das Feuer des Heraklit ist aus zwei Gründen berühmt (wobei nie ganz klar wird, wozu der Autor den Philosophen im Titel braucht). Zum einen schildert es die Begegnung mit Watson und Crick im Mai 1952, bei der Chargaff seine Verachtung der neuen Wissenschaft gegenüber zum Ausdruck bringt. In dem Duo erkennt er »enormen Ehrgeiz und Angriffslust, vereint mit einer fast vollständigen Unwissenheit und Verachtung der Chemie, dieser realsten aller Wissenschaften«. In seinem Bericht über die Entdeckung der *Doppelhelix* räumt Watson diese Unkenntnis zwar ein, aber ansonsten hat seine (früher gegebene) Darstellung des Treffens mit Chargaff wenig mit der hier zitierten Beschreibung zu tun. Wer sich als vergleichender Literaturwissenschaftler versuchen will, sollte sich die beiden Fixierungen ein und derselben Wirklichkeit vornehmen und daraus seine Schlüsse ziehen, wie es Wissenschaftler mit der Wahrheit halten, wenn es um sie selbst geht.

Zum zweiten scheint ihm das Ergebnis ihres Tuns – und damit seine eigene Forschung – gefährlich zu werden:

»Zwei verhängnisvolle wissenschaftliche Entdeckungen haben mein Leben gezeichnet,« schreibt Chargaff, »erstens die Spaltung des Atoms, zweitens die Aufklärung der Chemie der Vererbung. In beiden Fällen handelt es sich um Mißhandlung eines Kerns: des Atomkerns, des Zellkerns. In beiden Fällen habe ich das Gefühl, daß die Wissenschaft eine Schranke überschritten hatte, die sie hätte scheuen sollen.«

Solche Sätze kamen gut an, als die Wissenschaft im Gefolge der Gentechnik umstritten wurde. Doch besonnene Forscher – wie etwa Delbrück – meinten eher, daß Chargaff verwirrt argumentiere. In dem Zitat zum Beispiel wirft er Spalten (einen praktischen Vorgang) und Aufklären (ein theoretischer Prozeß) in einen Topf, was er anderen übelnehmen würde, und er schafft es sogar, das höchste Gut des vernünftigen Menschen – die Fähigkeit zur Aufklärung – als Mißhandlung zu deuten. Tatsächlich trauert Chargaff einer fernen Vergangenheit nach, als die Menschen noch aristokratisch waren und nicht »in einen biologisch verdaulichen Kunststoff verwandelt« werden konnten, wie es bei ihm heißt. Was Chargaff schreibt, klingt schlimm, aber seine Texte sind wunderschön zu lesen.

**** ௸ ௸ ௸ ௸ ௸ ⬯⬯⬯⬯

7

François Jacob

Die Logik des Lebendigen

Ernst Mayr

*Die Entwicklung der
biologischen Gedankenwelt*

ZUM BUCH Die französische Originalausgabe des Buches, *La logique du vivant,* das die Geschichte der Genetik *von der Urzeugung bis zum genetischen Code* erzählt, ist 1970 in der Edition Gallimard (Paris) erschienen. Zwei Jahre später ist die deutsche Übersetzung im S. Fischer Verlag (Frankfurt) herausgekommen, mit dem oben zitierten Untertitel (und einem Vorwort von Carl Friedrich von Weizsäcker). Es hat dann lange gedauert, bis man eine Taschenbuchausgabe vorgelegt hat. Sie gibt es seit dem Jahre 2002 (Fischer Taschenbuch 14468), und sie hat einen neuen Untertitel – *eine Geschichte der Vererbung.*

ZUM AUTOR François Jacob (mit der Betonung auf der zweiten Silbe und einem hörbaren b am Ende zu sprechen) ist 1920 in Nancy geboren worden und lebt heute in Paris. Als er am Ende des Zweiten Weltkriegs zum ersten Mal die Möglichkeit hatte, seinen Lebensweg selbst zu bestimmen, entschied er sich für die junge Wissenschaft der Molekularbiologie, mit der die Mechanismen der Vererbung erkundet wurden. Er konnte sich einer Arbeitsgruppe am Institut Pasteur anschließen, die Jacques Monod leitete und sich mit Bakterien beschäftigte. Jacob wird in den kommenden Jahren an einigen entscheidenden Entdeckungen beteiligt sein, die heute Lehrbuchstoff geworden sind – etwa der Nachweis eines stabilen Zwischenträgers der genetischen Information, der zwischen den Genen und den Proteinen vermittelt, die das Zellgeschehen aktiv betreiben. Sein größter Erfolg gelingt in Kooperation mit Monod. Das französische Duo führt die Idee der genetischen Regulation in die Wissenschaft ein und analysiert im Detail die Art und Weise, wie die Aktivität von Genen (in Mikroorganismen) gesteuert wird. Ihre Einsichten werden 1965 mit dem Nobelpreis für Physiologie oder Medizin belohnt.

Nach diesem Erfolg wandte sich Jacob von den Bakterien ab und höheren Zellen – etwa denen des Menschen – zu, um die Hypothese zu untersuchen, daß Tumore durch krebsauslösende Gene bedingt sind, die ihrerseits durch Umweltgifte oder auf anderen Wegen aktiviert werden. Er war nicht der einzige Genetiker, der den Mikroorganismen den Rücken kehrte, da sich allgemein das Gefühl durchgesetzt hatte, mit ihrer Hilfe im Prinzip vollständig verstanden zu haben, wie Gene im Grundsatz funktionieren. Tatsächlich war die Zeit der klassischen Molekularbiologie vorbei, wie man heute im Rückblick urteilen kann, und genau an dieser Stelle der Entwicklung – kurz vor der Einführung der Gentechnik in die Wissenschaft vom Leben – schreibt Jacob seine Geschichte der Genetik. Er zeigt großes Talent zum Schreiben und publiziert in den kommenden Jahren noch Bücher über die Evolution (*Das Spiel der Möglichkeiten,* 1983) und über die moderne Genforschung (*Die Maus, die Fliege und der Mensch,* 1997), wobei das zuletzt genannte Buch in der Edition Odile Jacob (Paris) erscheint und damit im Verlag seiner Tochter.

ZUM TEXT Vom literarischen Standpunkt betrachtet ist das beste Buch, das Jacob geschrieben hat, seine Autobiographie, die 1988 unter dem Titel *Die innere Statue* erschienen ist. Sie weist nicht nur hohe poetische Qualitäten auf – Jacob gelingt zum Beispiel das Kunststück, die spannendsten Passagen über die langweiligste Zeit seines Lebens zu schreiben, nämlich über die Monate, die er am Ende des Zweiten Weltkriegs verletzt in einem Krankenhaus liegt, an die Decke starrt und keine Zukunft vor sich hat. *Die innere Statue* enthält aber auch ein Bekenntnis zur »Nachtseite der Wissenschaft«, die vor jeder Vernunft wirkt. Jacob gibt einen Einblick in sie, indem er schildert, wie er die entscheidende Idee für die nobelpreiswürdige Erklärung seiner Experimente bekommen hat – nämlich im Kino, als plötzlich ein flüchtiges Bild etwas in ihm zu fassen bekommt und angeregt auf die Tagseite des Bewußtseins bringt, wo es erst der theoretischen Analyse unterzogen und dann in den Corpus der Wissenschaften integriert wird.

Wie gesagt, *Die innere Statue* ist Jacobs schönstes Buch, aber für ein Verständnis der gesamten genetischen Wissenschaft ist seine *Logik des Lebendigen* wichtiger, obwohl die erzählte Geschichte kurz vor den Jahren aufhört, in denen der methodische Durchbruch gelingt, mit dessen Hilfe Gene in Reagenzgläsern erst zerlegt und dann neu zusammengesetzt werden können. Diese als Gentechnik bekannte Methode hat die Wissenschaft von der Vererbung in die Schlagzeilen gebracht und läßt sie dort immer wieder auftauchen. Es spielt keine Rolle, daß Jacobs Buch davon noch nichts weiß, und es gilt uneingeschränkt, was der Berliner Wissenschaftshistoriker Hans-Jörg Rheinberger im Nachwort zu der Taschenbuchausgabe 2002 schreibt:

Die Logik des Lebendigen »hat heute nichts von ihrer unglaublichen Frische eingebüßt, und was Jacob von seinem großen Landsmann aus dem 19. Jahrhundert, dem Physiologen Claude Bernard, behauptet, gilt gewiß auch für ihn selbst: Man möchte an seiner Beschreibung der fundamentalen Spannung zwischen Reduktion und Integration, Immanenz und Transzendenz, Mechanismus und Finalität, in der sich die Wissenschaften vom Leben entwickelt haben, heute keine Zeile ändern.«

Als *La logique du vivant* erschien, hat es kein geringerer als der französische Philosoph Michel Foucault übernommen, eine Rezension für *Le Monde* zu schreiben. Sie kulminierte in den Sätzen: »Dieses Buch ist die bemerkenswerteste Geschichte der Biologie, die je geschrieben wurde, und lädt zugleich zu einer fundamentalen Neuordnung des Denkens ein.«

Eine fundamentale Neuordnung, die Jacob vorschlägt, findet sich gleich zu Beginn des Buches. Er betitelt seine Einführung mit den beiden Worten »Das Programm« und meint damit, daß man seiner Ansicht nach das Leben am besten verstehen kann, wenn man annimmt, »im Organismus wird ein von der Vererbung vorgeschriebenes Programm verwirklicht«. Dabei macht er deutlich: »Das Programm ist ein den elektronischen Rechenmaschinen entliehenes Modell«, wobei anzumerken ist, daß die Jacob bekannten elektronischen Datenverarbeitungsapparate nur Vorläufer der heute gebräuchlichen Computer waren. In den 1960er Jahren hantierte man noch mit Lochstreifen, die auf den ersten Blick an die DNA Fäden der Zellen erinnerten, und also stellt Jacobs Konzept »das genetische Material dem magnetischen Band eines Computers gleich«.

Was Jacob wie Schrödinger und jeden Forscher interessiert – abgesehen von der Grundaufgabe, »das komplizierte Sichtbare durch das einfache Unsichtbare« zu erklären –, ist die Frage, wie das Leben seine Ordnung bekommt und aufrecht erhält. Jacob konkretisiert die Frage – und produziert eine weitere Neuordnung der fundamentalen Art –, indem er sich auf die Organisation des Lebendigen konzentriert und feststellt, daß sie selbst organisiert ist. In seinen Worten: »Das Leben besteht nicht aus einer einzigen Organisation, sondern aus einer Reihe von Organisationen, die wie russische Puppen ineinander stecken.«

Sein Buch erzählt nun in einer atemlosen Sprache, welche Ebenen der Organisation die Wissenschaft seit dem 16. Jahrhundert ausgepackt hat. Seit dieser Zeit tritt – so Jacob – viermal hintereinander eine Struktur höherer Ordnung in Erscheinung:

»Die Struktur erster Ordnung, gekennzeichnet durch die

Anordnung sichtbarer Flächen, tritt mit dem beginnenden 17. Jahrhundert auf. Ende des 18. Jahrhunderts wird eine Struktur zweiter Ordnung sichtbar, die Organe und Funktionen einbezieht und die sich im Grunde in Zellen auflöst. Anfang des 20. Jahrhunderts bilden die Chromosomen und die Gene die im Zentrum der Zelle verborgene Struktur dritter Ordnung. Schließlich bildet sich um die Mitte des 20. Jahrhunderts mit dem DNA-Molekül die Struktur vierter Ordnung heraus, die heute [1970] dem Aufbau eines jeden Organismus, seiner Eigenschaften und seiner Permanenz über die Generationen hinweg zugrunde liegt. Die Lebewesen werden auf jeder dieser Organisationsebenen, auf einer nach der anderen, analysiert.«

Jacob schildert auf unnachahmliche Weise, wie dies zu jeder Zeit im Detail ausgesehen hat. Er illustriert dabei, was eine gute Wissenschaft charakterisiert: »Sie sucht die Wahrheit nicht mehr; sie baut ihre Wahrheit auf.« Und was sie bei ihrem Bemühen um Einsicht und Verständnis aufbaut, hängt von der Art ab, mit der sie ihren Gegenstand vorher zerlegt hat: »Die heutige Welt besteht aus Botschaften, Codes, Informationen«, so schließt Jacob seine *Logik des Lebendigen.* »Welches Skalpell wird morgen unsere Welt zerteilen, um sie in einem neuen Raum von neuem zusammenzusetzen? Welche neue russische Puppe wird in ihm zum Vorschein kommen?«

Die Leserinnen und Leser sind aufgefordert, für sich zu entscheiden, ob eine Generation nach dem Erscheinen von Jacobs Buch schon eine neue Puppe – oder wenigstens ihr Umriß – sichtbar geworden ist oder ob wir immer noch – trotz aller gentechnisch möglichen Neuerungen – an der Puppe herumbasteln, die Jacob in seiner aktiven Zeit in Händen hielt und deren Eleganz er uns zeigen konnte. Konkret ist damit die Frage gemeint, ob die Programmidee noch etwas taugt, und zwar auch unter dem Aspekt, daß die PCs und andere Maschinen mit Software, die uns heute zur Verfügung stehen, mit viel raffinierteren und höchst komplexen Programmen ausgestattet sind und der alte Lochstreifen bestenfalls im Museum liegt. Läuft da tatsächlich ein Programm ab, wenn sich die lebendige Form entwickelt?

Die meisten Biologen würden heute mit Ja antworten. Sie sprechen immer noch die Sprache, die Jacob vorgegeben hat, wie zum Beispiel deutlich wird, wenn uns erklärt wird, warum das Klonieren nicht so einfach möglich ist. Dies läge daran, so kann man lesen, daß man noch nicht wüßte, wie das genetische Material einer Zelle »neu zu programmieren« sei, damit das Leben mit ihm beginnen kann. Aber schon tauchen am Horizont des Wissens neue Metaphern auf, und einige Biologen sind der Ansicht, daß Leben weniger ein programmiertes Geschehen und mehr ein kreativer Prozeß ist. Jacob wird das gefallen. Er ist sowieso der Meinung, daß das Bild, das die Naturwissenschaft von der Welt liefert, keine Photographie, sondern ein Gemälde ist. Und wer genau hinsieht, kann sogar den Stil des Forschers erkennen, zum Beispiel den von Jacob, der einfach gut ist und gefällt.

***** 𝓰𝓰𝓰𝓰   ⬭⬭⬭

ÜBRIGENS Jacob ist am Ende der sechziger Jahre nicht der einzige Biologe, der vorschlägt, es für die Erklärung seiner Gegenstände mit einer Anleihe bei den Computerwissenschaftlern zu versuchen. Denselben Schritt geht unabhängig von ihm Ernst Mayr, der 1904 in Deutschland geborene und bis heute an der Harvard Universität aktive große Kenner der Evolution. Mayr kommt auf diese Idee, weil er die moderne Antwort auf eine uralte Frage sucht, die schon von Aristoteles erörtert wird und bislang ungelöst bleibt. Sie lautet, was verwandelt tote Materie in lebendige? Welche Form der Gesetzmäßigkeit und welches Prinzip bestimmen die Form der lebenden Gestalt?

Gewöhnlich tauchen bei dieser Debatte Attribute wie »teleonomisch« auf, und um die damit implizierte finale Erklärung, wie sie in der Vergangenheit gegeben wurde, durch eine kausale abzulösen, die in der Gegenwart akzeptiert wird, schlägt Mayr vor, den Organismen und ihren Zellen ein genetisches Programm zu gewähren. Darunter versteht er »die kodierte Information, die einen Ablauf kontrolliert und ihn an ein vorgegebenes Ende bringt«. So steht es in seinem 1988 erschienenen Buch, das versucht, eine *Neue Philosophie der Biologie* zu begründen. So wichtig dieses Buch ist, wer Mayr in seiner ganzen Größe kennenlernen will, sollte sich seinem 1984 im Springer Verlag erschienenen Meisterwerk über *Die Entwicklung der biologischen Gedankenwelt* anvertrauen. In diesem – zugegeben umfangreichen – Buch wird nicht nur souverän erläutert, wie sehr die Philosophie Platos diese Entwicklung behindert hat, indem sie die veränderliche Wirklichkeit für zweitrangig erklärte und sie den unveränderlichen Ideen unterordnete. Man erfährt auch präzise und anschaulich zugleich, wieviel Mühe das biologische Denken aufwenden mußte, um sich freizumachen und seine ersten Triumphe im 19. Jahrhundert bei Mendel und Darwin zu feiern. Die Art, wie Mayr im Zentrum seines Buches in wenigen Beobachtungen und Schlußfolgerungen den Kern des Evolutionsgedankens freilegt und faßbar macht, bleibt unübertroffen. Niemals hat jemand klarer dargelegt, daß nichts in der Biologie Sinn ergibt, wenn man es nicht im Licht der Evolution betrachtet. Mayr läßt es so hell leuchten wie kein anderer.

**** 𝄇 𝄇 𝄇 𝄇 ◁◁

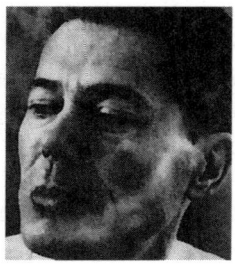

8

Jacques Monod
Zufall und Notwendigkeit

Manfred Eigen und Ruthild Winkler
Das Spiel

Die französische Originalausgabe *Le hasard et la nécessité* ist 1970 in der Edition du Seuil (Paris) erschienen. Die mit einem Vorwort von Manfred Eigen versehene deutsche Übersetzung wurde ein Jahr später vom Piper Verlag (München) vorgelegt, der auch für die Taschenbuchausgaben sorgte.

Jacques Monod wurde am 9. 2. 1910 in Paris geboren und ist am 31. 5. 1976 in Cannes gestorben. Er ging in den beiden genannten Städten zur Schule und besuchte die Universität Straßburg, bevor er 1934 nach Paris kam, um sich an der Sorbonne mit dem Wachstum von Bakterien zu beschäftigen, die in Fachkreisen als *E. coli* bekannt sind, was korrekt *Escherichia coli* abkürzt. Monod sollte sein wissenschaftliches Leben diesen Bakterien und ihren Molekülen widmen, wobei er am Ende seiner erfolgreichen Laufbahn die Gemeinde der Biologen durch die als kühn empfundene (aber mehr sprachwitzig gemeinte) Behauptung erregte, »was für E. coli gilt, muß auch für den E. lefant gelten«. Das will sagen, was die Genetik bei Einzellern gefunden hat, wird sie auch bei Vielzellern finden, wobei heute klar ist, daß dieser Satz völlig daneben liegt, was Monod aber eher gefallen hätte.

Nach zwei Forschungsjahren in Kalifornien (1936/1937) kehrt Monod nach Frankreich zurück, um sich hier der Frage zu widmen, wie Bakterien anpassungsfähig werden und zum Beispiel einen komplizierten Nährstoff erst aufnehmen, wenn kein einfacher mehr vorhanden ist. Wie steuern Zellen ihren Stoffwechsel? Tun sie dies mit biochemischen oder genetischen Mitteln?

Im Laufe seiner Arbeit – unter anderem im Team mit François Jacob – entdeckt er immer deutlicher, daß es genetische Mechanismen sind, und sie analysiert er in den folgenden Jahren immer genauer. In Zusammenarbeit mit Jacob findet Monod die ersten Gene, die nicht nur strukturelle, sondern regulatorische Aufgaben übernehmen, und jede gelungene Einsicht äußert sich bei ihm in einer emotionalen Erschütterung, die etwa als lautes Auflachen zum Ausdruck kommt. 1965 werden sie – zusammen mit A. Lwoff – mit dem Nobelpreis für Physiologie oder Medizin ausgezeichnet. Monod macht nun Karriere in seinem Vaterland, indem er Direktor eines Pasteur Instituts wird und zahlreiche Auszeichnungen bekommt, zu denen auch die Aufnahme in die Legion d'Honneur gehört. 1968 fällt Monod durch seine Sympathie für die Studenten auf, deren Protestaktionen im Mai dieses Jahres brutale Gegenmaßnahmen der Polizei auslösen.

ZUM TEXT »Das hatte es noch nicht gegeben: ein Buch, das zur Hälfte ein molekularbiologisches Sachbuch ist, und ein dichtes und damit sperriges dazu, als Bestseller. Es konnte geschehen, weil Monod ... eine in der Zunft recht seltene Eigenschaft besaß. Er begnügte sich nicht damit, das höchst interessante Benehmen seiner Moleküle zu studieren, die das Leben begründen. Er hatte auch die Nachbardisziplinen im Auge, und das Erstaunliche an seinem Buch ist nicht zuletzt, wieviel disparates Wissen es in sich vereinigt, miteinander in Beziehung setzt und bündig auf den Punkt bringt – was Monod selbst über ihm fernerliegende Themen wie das der Sprachentstehung auf bloßen sechs Seiten vorträgt, dürfte in seiner Prägnanz und – Vorteil seines Standpunktes – in seiner schieren Richtigkeit kaum je übertroffen worden sein. Dazu war er auch noch in der Geschichte der Philosophie zu Hause, und wie konnte er schreiben!«

Diese Zeilen finden sich in der *ZEIT-Bibliothek der 100*

Sachbücher, die 1984 erschienen ist (als Suhrkamp Taschenbuch 1074), und verfaßt hat sie Dieter E. Zimmer, der sich sowohl als Reporter der ZEIT als auch als Herausgeber der Werke von Vladimir Nabokov einen Namen gemacht hat. Was Zimmer schreibt, gilt auch 20 Jahre später noch, wobei Monods Buch neben den genannten Qualitäten vor allem durch seine klare und eindeutige Botschaft bemerkenswert ist, die sich nach einem Anlauf von mehr als 200 Seiten im Schlußabschnitt findet:

»Der Alte Bund ist zerbrochen; der Mensch weiß endlich, daß er in der teilnahmslosen Unermeßlichkeit des Universums allein ist, aus dem er zufällig hervortrat. Nicht nur sein Los, auch seine Pflicht steht nirgendwo geschrieben. Es ist an ihm, zwischen dem Reich und der Finsternis zu wählen.«

Der Mensch als Zigeuner am Rande des Universums, und dieser trostlose Gedanke als Lehre der Molekularbiologie, die es – dank Monod und seiner Kollegen – gelernt hat, mit den Genen den Stoff genauer ins Blickfeld der Forschung zu bringen, mit dem die Evolution umgeht. Vor diesem Hintergrund wird problemlos begreiflich, warum *Zufall und Notwendigkeit* rasch viele religiös orientierte Gegner anzog, die gegen die gottlosen Grundgedanken wetterten. Ihnen gesellten sich bald die Philosophen aus linken Denkschulen hinzu, hatte Monod es doch auch gewagt, ausdrücklich vom »erkenntnistheoretischen Zusammenbruch des dialektischen Materialismus« zu sprechen, dem er bestenfalls noch die Qualität einer Mythologie attestiert. Tatsächlich rechnet der französische Molekularbiologe gnadenlos mit dem »theoretischen Geschwätz« der materialistischen Dialektiker ab, so wie es etwa bei Friedrich Engels zu lesen ist, dem Freund und Gönner von Karl Marx. Monod konstatiert: Jedesmal, wenn die Dialektiker von ihrem bloßen Reden abgelassen haben und die Kenntnisse der Erfahrungswissenschaften »mit Hilfe ihrer Vorstellungen erleuchten wollten, hat sich gezeigt, daß diese Interpretation nicht nur wissenschaftsfremd, sondern mit Wissenschaft unvereinbar ist. Engels selber, der doch von der Wissenschaft seiner Zeit gründliche Kenntnis besaß, war dahin gekommen, im Namen der Dialektik zwei der größten Entdeckungen seiner Zeit abzulehnen: den Zweiten Hauptsatz der Thermodynamik und – trotz seiner Bewunderung für Darwin – die rein selektive Erklärung der Evolution.« Sie stellt für Monod die Notwendigkeit dar, die er prominent im Titel seines Buches herausstellt und dem Zufall an die Seite stellt, der gleichberechtigt dazugehört und mit ihr eine Art komplementäres Paar ergibt. Monod stellt seine feste Überzeugung vor, das Leben sei in allen Formen durch Zufall zustande gekommen, um sich anschließend zwangsläufig entwickelt zu haben. Und er zieht daraus den Schluß, daß es unmöglich ist, auf diesen Tatsachen ein philosophisches System aufzubauen, erst recht natürlich keine Lehre von dem meisterhaften Plan eines vollkommenen Schöpfers. Monod trägt seinen Vorwurf an die Gegenwart massiv vor:

»Bewaffnet mit der ganzen Macht, sich allen Reichtums erfreuend, den sie allen den Wissenschaften verdanken, versuchen unsere Gesellschaftssysteme immer noch Werte zu praktizieren und zu lehren, die bereits durch die gleiche Wissenschaft an der Wurzel zerstört sind.«

Natürlich fragt Monod auch, ob und wie Abhilfe zu schaffen sei und welche Ethik gefunden werden kann, um die Entwicklung dieser Welt in Bahnen zu lenken, die nicht in ihr Verderben führen. Seinen Vorschlag dazu nennt er die »Ethik der Erkenntnis«. Sie hat das Ziel, den Menschen als biologisches (durch die Evolution entstandenes) Wesen zur Kenntnis zu nehmen. Monods Ethik basiert auf dem Postulat der Objektivität, demzufolge Natur etwas Gegebenes ist, auch die Natur des Menschen und somit seine Bedürfnisse, seine Leidenschaften und seine merkwürdige Zerrissenheit zwischen dem Reich der belebten Natur und dem Reich der immateriellen Ideen.

Ein Buch, das Rechte und Linke ärgert und Christen wie Marxisten verstört und von einem Nobelpreisträger geschrieben worden ist, konnte in den 1970er Jahren nur ein Bestseller werden. Bei aller Aufregung um die radikalen Thesen, die Monod mit einem markanten Bekenntnis zur Objektivität von Wissenschaft verbunden hatte, übersah die Zunft der Kritiker, daß ihnen der Autor ein philologisches Kuckucksei ins Nest gelegt hatte. Das Buch beginnt mit einem wunderbaren Zitat von Demokrit – »Alles, was im Weltall existiert, ist die Frucht von Zufall und Notwendigkeit« –, das nur den Schönheitsfehler hat, nicht von dem antiken Denker zu stammen. »Halb erfunden ist doppelt gut«, mag sich Monod gedacht haben, der sicher auch wußte, daß es mehr Mut braucht, einem klassischen Denker zu widersprechen als einem modernen Wissenschaftler. Dies gilt vor allem dann, wenn der etwas anspricht, das viele empfinden, nämlich ein Gefühl der Verlassenheit, das sicher mit dadurch erklärt werden kann, daß die Gesellschaften zwar auf Wissenschaft aufgebaut sind, dabei aber keinen Sinn mehr erfahren. Monod schiebt die Verantwortung auf die gefundenen Naturgesetzlichkeiten, was man verstehen kann, was aber niemanden hindern soll, zu fragen, ob es nicht eine andere Ursache dafür gibt, nämlich uns selbst.

***** 𝒜 𝒜 𝒜 𝒜 𝒜 〰〰〰〰

ÜBRIGENS Wie erwähnt ist der Übersetzung von Monods Buch ein Vorwort von Manfred Eigen beigegeben worden, in dem der damals in Göttingen lehrende und forschende Nobelpreisträger für Chemie bestätigt, wie auch in seinem Verständnis die Evolution als Wechselspiel von *Zufall und Notwendigkeit* zustande kommt. 1975 hat Eigen ein eigenes Buch zu dem Thema vorgelegt, nämlich *Das Spiel* (Piper Verlag), bei dessen Abfassung ihm seine langjährige Mitarbeiterin Ruthild Winkler maßgeblich geholfen hat und in dem die Autoren zeigen, wie Naturgesetze den Zufall lenken. Eigens zentrale Ansicht steht gleich auf der ersten Seite des Buches, nämlich: »Alles Geschehen in unserer Welt gleicht einem großen Spiel, in dem von vorneherein nichts als die Regeln festliegen.« »Wir sehen das Spiel als Naturphänomen an, das in seiner Dichotomie von Zufall und Notwendigkeit allem Geschehen zugrunde liegt.« Eigen und Winkler versuchen mit dem *Spiel* Verständnis und Zähmung des Zufalls zugleich, und sie weisen auf dessen Überbewertung durch Monod hin, der »den komplementären Aspekt des Gesetzmäßigen außer acht läßt«.

Als ein über die sachliche Darstellung naturwissenschaftlicher Inhalte hinausgehendes Ziel ihres wunderbar illustrierten und mit vielen poetischen Hinweisen angereicherten Buches nennen Eigen und Winkler den kategorischen Imperativ, den Dürrenmatt in seinen *Physikern* formuliert hat: »Was alle angeht, müssen alle lösen.« Was alle angeht, das sind eben die Erkenntnisse der Physik, die es erlauben, die Atomkräfte zu befreien, das sind auch die Möglichkeiten der Biologen und Pharmakologen, Gene und Verhalten zu beeinflussen, und wir müssen alle zusammen lernen, »die Voraussetzungen für ein lebenswertes Leben zu schaffen, zu erhalten und zu sichern«. Daher erläutern Eigen und Winkler auch, worin die »Grenzen des Spiels« und damit die »Grenzen der Menschheit« liegen. Für sie ist nicht die Frage wichtig, ob wir irgendein zufälliges Produkt am Rande eines großen Geschehens sind (obwohl sie dies natürlich nicht glauben). Für sie ist der Hinweis wichtiger,

daß sich die Natur nicht selbstverständlich (oder selbstverständlich nicht) um unser Überleben kümmert. Dafür sind
wir selbst zuständig. Die Evolution ist ein Spiel, dessen
Ende nicht festliegt, sondern für den Menschen offen bleibt.

Wer Wortspiele liebt, kann statt vom »offenen Ende« von
einem »offenen Ausgang für den Menschen« sprechen.
Darin steckt sprachlich die Möglichkeit, das Spiel vorher
abzubrechen und aus der Evolution auszusteigen. Nur – wo
kommen wir dann hin?

**** 🐚 🐚 🐚 🐚 ✍️✍️✍️✍️

9

Rachel Carson

Der stumme Frühling

Denis Meadows et al.

Die Grenzen des Wachstums

Silent Spring – so der Titel der amerikanischen Originalausgabe – ist 1962 bei der Houghton Mifflin Company in Boston erschienen. Die erste deutsche Ausgabe ist 1963 im Biederstein Verlag (München) publiziert worden. Eine Taschenbuchausgabe liegt in der Beck'schen Reihe (als Band mit der Nummer 144) mit einer Gesamtauflage von mehr als 100 000 Exemplaren vor.

Rachel Louise Carson wurde am 27. 5. 1907 in Springdale (Pennsylvania) geboren und ist am 14. 4. 1964 in Silver Spring (Maryland) gestorben. Sie litt an Krebs und wußte dies, als sie an dem Manuskript des Buches arbeitete, das sie berühmt machen sollte. Eine Biographin charakterisiert Rachel Carson als *Zeugin für die Natur* (*Witness for Nature*), und diese Qualität konnte sie erwerben, weil sie zwei Talente vereinigte, den neugierigen Blick auf die Umwelt und die Fähigkeit, darüber zu schreiben.

Carson hat zunächst Meeresbiologie studiert, bevor sie beim amerikanischen Fish- and Wildlife Service die Leitung der Pressestelle übernahm, wobei dieser Schritt auch damit zu tun hat, daß Frauen damals in einer akademischen Umgebung nicht besonders gern gesehen waren und nur wenig Karrierechancen hatten. In ihrer untergeordneten Dienststelle gelang es Carson, das farblose Verwalten von Forschungsdaten in ein buntes Spektrum voller faszinierender Einsichten zu verwandeln. Ihre Bücher über *The Sea around us* (*Das Geheimnis des Meeres*, 1951) und *Am Saum der Gezeiten* (1955) gaben ihr den Rang einer geachteten Wissenschaftsautorin. Sie nutzte den ihr entgegengebrachten Respekt geschickt, um die Nachkriegsgesellschaft von Amerika aus darauf hinzuweisen, daß sie möglicherweise für ihren Wohlstand einen Preis zu zahlen hat, der zwar nicht sofort sichtbar wird, der aber alle anderen Ausgaben als marginal erscheinen lassen könnte. Dieser Preis waren die Voraussetzungen für Leben.

Carson konzentrierte ihre Aufmerksamkeit auf die Gefahren, die mit dem bedenkenlosen Einsatz von chemischen Mitteln in der Landwirtschaft auftauchen, und erzielte eine solch große Wirkung, weil sie die Prozesse, die zur Schädigung der Umwelt führen, plastisch und anschaulich machen und für jedermann verständlich erklären konnte. Sie legte sich sowohl mit der amerikanischen Regierung (unter John F. Kennedy) als auch den Vertretern der Chemischen Industrie an und gilt für die Geschichte als die erste Umweltschützerin des 20. Jahrhunderts.

ZUM TEXT Am Anfang des Buches findet sich »ein Zukunftsmärchen«. Wir lesen tatsächlich die drei merkwürdigen Worte »es war einmal« aus den Tagen unserer Kindheit:

»Es war einmal eine Stadt im Herzen Amerikas, in der alle Geschöpfe in Harmonie mit ihrer Umwelt« – nicht leben, sondern – »zu leben schienen.« Mit dieser Wendung verschwindet das Träumerische, wir werden in die Wirklichkeit versetzt, und die Form des Imperfekts bereitet plötzlich Schmerz: »Die Stadt lag inmitten blühender Felder«, »die Füchse kläfften im Hügelland«, »das Rotwild zog über die Äcker« und die Bäume entfalteten eine »glühende Farbenpracht«. Aber das alles ist vorbei, und inzwischen »brüteten die Hennen, aber keine Küken schlüpften aus«, »die einst so anziehenden Landstraßen waren nun von braun und welk gewordenen Pflanzen eingesäumt«, und »selbst in den Flüssen regte sich kein Leben mehr«. Dabei hatte »kein böser Zauber, kein feindlicher Überfall in dieser verwüsteten Welt die Wiedergeburt neuen Lebens erstickt«. Nein, es war schlimmer. Denn »das hatten die Menschen selbst getan«. Sie hatten »die Stimmen des Frühlings zum Schweigen gebracht«, und »dieses Buch will versuchen, es zu erklären«.

Ein grandioser Auftakt zu einem sehr genau recherchierten Buch, das übrigens lange brauchte, um den durch seine Poesie einprägsamen Titel zu bekommen, der das Werk neben anderen Gründen so attraktiv macht. Carsons erster eigener Vorschlag lautete, *How to Balance Nature,* wie man die Natur ins Gleichgewicht bringt. Der Verlag wollte *The Control of Nature* oder *At War with Nature (Im Krieg mit der Natur),* und *Der stumme Frühling* tauchte zunächst nur als Überschrift für ein Kapitel über Vögel auf. Rachel Carson zögerte mit ihrer Zustimmung, das ganze Buch so zu nennen, bis ihr jemand die Zeile aus einem Gedicht von John Keats zeigte *(La Belle Dame Sans Merci),* in dem der Poet Entsetzen und Angst vor dem Kommenden durch die Zeile ausdrückte »And no birds sing« – »Und keine Vögel singen«.

Nach dem märchenhaften Auftakt unter einem lyrischen Titel kommt die Autorin schnell und präzise zur harten Wirklichkeit, indem sie »das Kernproblem unseres Zeitalters« diagnostiziert, nämlich »die Verunreinigung der gesamten Umwelt des Menschen«. Diese Verunreinigung erfolgt mit Substanzen, die wir in guter Absicht als Insektizide und Pestizide einsetzen, ohne bislang zu merken, daß ihnen »eine unglaubliche und heimtückische Macht innewohnt, Schaden anzurichten«. Denn »diese Stoffe reichern sich in Geweben von Pflanzen und Tieren an, sie dringen selbst in die Keimzellen ein und verändern das Erbgut, von dem die Gestaltung der Zukunft abhängt.« Die Insektizide sind eben mehr als Insektenvernichtungsmittel, sie sind »Biozide«, also Vernichter von Leben, und wir sollten dies wissen und auch so ausdrücken.

Es geht Carson nicht um radikale Verbote. Sie will nicht das Kind mit dem Bad ausschütten, sondern nur den wahllosen Einsatz von giftigen Pflanzenschutzmitteln in den wissenschaftlichen Griff mit seiner sachlichen Analysemöglichkeit bekommen. Sie weist darauf hin, daß die Anwendung der »bioziden« Pflanzenschutzmittel bislang von niemandem kontrolliert werde – weder von der Politik noch von der Wissenschaft. Und verstehen, was mit unserem chemischen Eingreifen in die Natur passiert, kann auch niemand, denn:

»Wir leben in einem Zeitalter von Spezialisten, von denen jeder nur sein eigenes Problem sieht und den größeren Rahmen, in den es sich einfügt, entweder nicht erkennt oder nicht wahrhaben will. Es ist aber auch ein Zeitalter, das von der Industrie beherrscht wird, in dem Recht, um jeden Preis Geld zu verdienen, selten angefochten wird.«

Diese bewundernswert klaren und weitsichtigen Sätze, die in den frühen 1960er Jahren revolutionär wirken mußten, sind heute noch so gültig wie damals. Wer sich an dieser Stelle für die Frage interessiert, woher die Autorin ihr Verständnis von Natur genommen und damit diesen scharfen Durchblick erlangt hat, kann eine einfache Antwort bekommen. Es ist ihr Vertrauen in die Gedanken Darwins und ihre Überzeugung, daß kein Eingreifen in die Natur irgendeinen Sinn macht, wenn man die Folge nicht im Licht der Evolution analysiert. Immer wieder kommt Carson an entscheidenden Stellen auf Darwins Gedanken zu sprechen, zum Beispiel so:

»Wenn Darwin heute lebte, wäre er entzückt und erstaunt, wie eindrucksvoll die Insektenwelt jetzt beweist, daß seine Theorien vom Überleben der Tauglichsten richtig sind. Durch intensives Sprühen mit Chemikalien werden gerade die schwächsten Tiere einer Insektenpopulation ausgemerzt. Heute sind in vielen Gegenden und bei vielen Arten nur mehr die Starken und Tauglichsten übrig geblieben und trotzen unseren Bemühungen, sie zu bekämpfen.«

Mit diesen Worten leitet Carson zu der Wirkung einer besonderen Chemikalie über, die erst als Wunderwaffe gefeiert wurde und deren Namen heute fast nur noch hinter vorgehaltener Hand ausgesprochen werden darf. Gemeint ist der Stoff, der ganz korrekt Dichlordiphenyltrichloräthan heißt, was mit DDT abgekürzt wird. Diese drei Buchstaben bezeichnen eine chlorhaltige Chemikalie, die bereits seit dem 19. Jahrhundert bekannt war. Als im Jahre 1939 eher zufällig ihre Wirkung als Insektizid entdeckt wurde, glaubten die verantwortlichen Wissenschaftler, ein Zaubermittel in der Hand zu haben, das in geringen Dosierungen wirkte und sicher gehandhabt werden konnte. In den folgenden Jahrzehnten wurden mit DDT tatsächlich spektakuläre Erfolge bei der Bekämpfung der Malaria erzielt, und da keine Giftwirkung auf Wirbeltiere festgestellt wurde, ging man dazu über, DDT flächendeckend zu versprühen. Doch die Biologie machte ebensowenig wie die Natur mit. Das DDT konnte nicht abgebaut werden, es gelangte in die Nahrungskette und reicherte sich an deren Ende an – etwa bei den Vögeln, wie Carson feststellte und aufschrieb. Zuviel DDT sorgte unter anderem dafür, daß die Eierschalen brüchig wurden. Es braucht nun nicht eigens erklärt zu werden, daß die betroffenen Arten damit vom Aussterben bedroht waren. Und ohne Vögel stand den Menschen ein stummer Frühling ins Haus.

Außerdem zeigte sich bald eine weitere Eigenschaft der Evolution, die ja bekanntlich eine Anpassungskünstlerin ist. Wie unter Vorgabe von Darwins Gedanken nicht anders zu erwarten, paßten sich die betroffenen Tiere den neuen Umweltbedingungen an, indem sie eine Resistenz gegen das Insektizid entwickelten. Mit anderen Worten, DDT wurde nicht nur sinnlos, sondern schadete immer mehr und nutzte immer weniger. Und dieses Argument leuchtete endlich sogar den Regierungsbehörden in den USA ein, die tatsächlich reagierten – allerdings mit der bekannten Doppelmoral, die mächtige Staaten so sympathisch macht. Die USA verboten in den 1970er Jahren zwar die Anwendung von DDT zu Hause, sie ließen die Industrie den Stoff aber weiter herstellen – für den Export. Man glaubt es kaum: Aber was auch in Deutschland – und zwar aus gutem Grund – seit 1972 verboten ist, darf in der Dritten Welt nach wie vor verkauft und eingesetzt werden. »Der stumme Frühling« droht uns immer noch. Die allgemeine Heuchelei der Staaten, in denen wir leben, macht es möglich.

*** 🐚 🐚 🐚 🐚 ✏️✏️✏️✏️✏️

ÜBRIGENS In dem eben genannten Jahr 1972 ist ein Buch erschienen, das ohne Rachel Carsons Vorarbeiten undenkbar gewesen wäre. Gemeint ist *Die Grenzen des Wachstums,* in dem man den *Bericht des Club of Rome zur Lage der Menschheit* findet, wie der Untertitel angibt. Der Club of Rome geht auf das Jahr 1968 zurück, in dem der italienische Industrielle Aurelio Peccei gemeinsam mit dem Wissenschaftspolitiker Alexander King eine Gruppe von Wirtschaftsführern, Politikern und Wissenschaftlern zusammenrief, um im Windschatten der damals populären Futurologie ein möglichst realistisches Bild von der Zukunft zu entwerfen. Aus dem ersten eher informellen Treffen ging der erwähnte Club hervor, dem sich nach und nach Mitglieder aus über 40 Staaten anschlossen und der sich 1972 entschied, die Ergebnisse seines Nachdenkens über weltweit zu beobachtende und als bedrohlich eingeschätzte Entwicklungen zu publizieren. Wenn auch manche Details und einige Daten nicht so solide sind, wie das in wissenschaftlichen Kreisen gewöhnlich verlangt wird, so ist doch eines unübersehbar: Mit dem Titel seines in fast 30 Sprachen übersetzten und zum Weltbestseller avancierenden Berichtes »zur Lage der Menschheit« liefert der Club of Rome das Schlagwort der kommenden Jahrzehnte. Aus der Lust auf Fortschritt, der auf eine ständige Zunahme von Macht über die Welt im allgemeinen zielte und sich über verbesserte kontrollierte Eingriffsmöglichkeiten in die Natur im besonderen freute, war mit einem Schlag die Angst davor geworden. In großen Teilen der Bevölkerung kehrte sich die Bewertung dessen um, was mit der Wissenschaft erreicht worden war. Plötzlich betonte man weniger die Macht zum Handeln und sah mehr die Ohnmacht gegenüber den Folgen der eigenen technischen Eingriffe, die nicht mehr rückgängig zu machen waren. *Die Grenzen des Wachstums* handelte von der Frage, wie die vielen Menschen in allen Regionen der Welt dem strebenden Bemühen der (letztlich wenigen) Industrieländer nach immer mehr Wachstum und Wohlstand entgegentreten könnten, weil sich sonst – so die Prognose – spätestens im Jahre 2100 auf der Erde derart katastrophale Ereignisse abspielen würden, daß niemand nirgendwo auf diesem Planeten ungeschoren davon käme.

Wenn nichts geschieht, wird viel passieren, so konnte man paradox die Situation beschreiben, die der Club of Rome konstatierte und wofür ihm bereits ein Jahr später (1973) der Friedenspreis des Deutschen Buchhandels verliehen wurde – eine Ehrung, auf die Autoren normalerweise jahrzehntelang warten müssen. Das zuständige Gremium hat dabei sicher – wie die breite Öffentlichkeit selbst – mehr auf den Titel (und seine Tendenz) als auf den Inhalt des Buches geachtet. In den frühen siebziger Jahren wollten sowohl das Publikum als auch seine intellektuellen Gremien offenbar von Grenzen des Wachstums hören, wie sie zum

Beispiel in den folgenden Sätzen zum Ausdruck kamen, in denen sich das Stichwort des globalen Denkens ankündigt:

»Jeder Tag weiterbestehenden exponentiellen Wachstums treibt das Weltsystem näher an die Grenzen des Wachstums. Wenn man sich entscheidet, nichts zu tun, entscheidet man sich in Wirklichkeit, die Gefahren des Zusammenbruchs zu vergrößern. ... Ausgehend von unserem gegenwärtigen Wissen über die physischen Lasten auf unserem Erdball ist stark zu vermuten, daß die Wachstumsphase kein weiteres Jahrhundert mehr anhalten kann. Wenn die Menschheit zu lange wartet, bis die Belastungen und Zwänge offen zutage treten, hat sie ... zu lange gewartet.«[*]

Wer das im Jahre 2000 in 17. Auflage erschienene Buch (Deutsche Verlagsanstalt, Stuttgart) erwerben will, kann natürlich unter dem Titel suchen. Die Autoren treten meist hinter dem Club zurück. Außen auf dem Umschlag steht nur ein Name, der von Denis Meadows, der Direktor eines Instituts für sozialwissenschaftliche Forschung in den USA ist. Innen werden drei weitere Personen angeführt, nämlich Donella Meadows, Erich Zahn und Peter Milling.

---

[*] Am Rande vermerkt sei noch, daß 1992 ein Nachfolgeband des legendären Berichts unter dem wenig überraschenden Titel *Die neuen Grenzen des Wachstums* erschienen ist. Er fand allerdings viel weniger Interesse (und damit viel weniger Käufer) als der alte Report, was zum einen den Hinweis erlaubt, daß Katastrophenszenarien allein ermüden, wenn in ihnen nicht gesagt wird, was konkret zu ändern ist. Zum zweiten läßt sich noch hinzufügen, daß selbst ein aufwendiger Zahlenapparat der Einsicht nicht entkommt, die der philosophierende Komiker Karl Valentin einmal durch die Bemerkung ausgedrückt hat, daß Prognosen dann besonders schwierig sind, wenn sie sich auf die Zukunft beziehen.

10

Jared Diamond
Arm und reich

Hoimar v. Ditfurth
Der Geist fiel nicht vom Himmel

Die amerikanische Originalausgabe ist 1997 im New Yorker Verlag W. W. Norton unter dem Titel *Guns, Germs, and Steel* erschienen, was wörtlich »Gewehre, Keime und Stahl« heißt. Es geht um *The Fates of Human Societies,* also um *Die Schicksale menschlicher Gesellschaften,* wie es die noch im gleichen Jahr bei S. Fischer verlegte deutsche Ausgabe im Untertitel übernimmt, die durch ihre eigenwillige Titelfestlegung auszudrücken versucht, was das Buch letztendlich erklären will, warum es nämlich auf der Welt den Unterschied gibt zwischen *Arm und reich.*

Jared Diamond ist 1938 in Boston geboren worden und zur Zeit Professor für Physiologie an der Universität von Kalifornien in Los Angeles – unter Kennern als UCLA bekannt. Diamond hat erst an der Harvard Universität im amerikanischen Cambridge und dann an den Colleges im britischen Cambridge studiert und dort auch 1961 seinen Doktor gemacht. Wer sagt, Diamond lehrt und forscht als Physiologe mit dem Schwerpunkt Stoffwechsel der Ernährung – vor allem, wenn er Diabetes zur Folge hat –, der erfaßt nur einen Teil seiner unglaublich umfassenden Tätigkeit. Diamond agiert zusätzlich als Professor für Geographie und für die Wissenschaft von der Gesundheit, die sich mit Umwelt befaßt (»Environmental health sciences« heißt das in seiner Landessprache). Er berät das Amerikanische Museum für Naturgeschichte als Ornithologe, wobei er seine Kenntnisse über exotische Vögel auf knapp 20 Expeditionen nach Papua-Neuguinea und auf benachbarte Inseln erworben hat. Kein Wunder, daß man ihn auch zum amerikanischen Direktor des World Wildlife Fund (WWF) gemacht hat.

Wenn man mit einem Wort sagen sollte, was der übrigens

gut Deutsch sprechende Diamond ist, würde man mit »Evolutionsforscher« antworten und hinzufügen, daß er für seine Arbeiten auf Gebieten wie Anthropologie und Genetik mehrfach ausgezeichnet worden ist – unter anderem mit dem Preis der National Geographic Society (1979) und der National Medal of Science (1999). Und über seine mindestens acht Bücher haben wird noch kein Wort verloren, obwohl auch sie mit Preisen nahezu überhäuft wurden, etwa *Der dritte Schimpanse,* der 1994 auf Deutsch erschienen ist und davon handelt, »wie sich der Mensch innerhalb kurzer Zeit von einer Säugetierart unter vielen zu einem Eroberer der Welt aufschwang; und wie wir die Fähigkeit erwarben, all jenen Fortschritt über Nacht auszulöschen«.

Diamond hat seinen größten Erfolg mit *Arm und reich* erzielt, für das er 1998 den begehrten Pulitzer Preis in Empfang nehmen durfte. Und zuletzt hat ihm die MacArthur Stiftung ihren »Genius Award« zugesprochen, was heißt, daß Diamond viel Zeit zum Nachdenken und Schreiben bekommen hat (und dafür gut bezahlt wird, ohne eine Pflicht erfüllen zu müssen).

ZUM TEXT »Ich habe mir selbst die bescheidene Aufgabe gestellt«, so hat Diamond das Buch einmal in einem Interview knapp auf den Punkt gebracht, »die breiten Muster der menschlichen Geschichte zu erklären – auf allen Kontinenten, für die letzten 13 000 Jahre. Wieso hat die Geschichte für Menschen auf verschiedenen Kontinenten so viele unterschiedliche evolutionäre Wege eingeschlagen? Dieses Problem hat mich zwar schon seit einer langen Zeit beschäftigt, aber jetzt scheint die Zeit dafür reif zu sein, um eine neue Synthese zu versuchen. Es gibt viele Fortschritte aus jüngster Zeit, die dabei helfen, obwohl sie auf den ersten Blick wenig mit Geschichte zu

tun haben. Ich meine die Molekularbiologie, die Pflanzen-
und Tiergenetik, die Biogeographie, die Archäologie und
die Linguistik.«

Das Buch will Geschichte nicht auf die Entwicklungen
von Schriftkulturen eingrenzen, wie wir sie aus unseren
Breiten kennen, sondern den Zeitraum erfassen, der seit
dem Ende der letzten Eiszeit vergangen ist. In diesen 13 000
Jahren sind in einigen Teilen der Welt Industriegesellschaf-
ten mit Metallwerkzeugen und Schrift entstanden, während
wir in anderen Regionen schriftlose bäuerliche Gesellschaften oder Jäger und Sammler finden, die nach wie vor mit
Steinwerkzeugen umgehen. Diese historischen Ungleich-
heiten werfen »lange Schatten auf die moderne Welt, da
diejenigen Gesellschaften, die in den Besitz von Schrift und
Metallwerkzeugen gelangt waren, jene anderen Gesellschaften unterwarfen oder gar auslöschten«.

Diamond beginnt mit einer Frage, die sachlich wissen
will, warum es die Europäer waren, die so große Teile der
Welt erobern konnten, und er verrät uns, daß ihm dieses
Thema durch einen Mann aufgetragen wurde, den er in
Neuguinea kennengelernt hat. Sein Name ist Yali, und er
wollte von Diamond wissen: »Wie kommt es, daß ihr
Weißen so viel Cargo geschaffen und nach Neuguinea mit-
gebracht habt, wir Schwarzen aber so wenig Cargo hatten?«

Mit »Cargo«, das im Amerikanischen »Fracht« bedeutet,
meint Yali die Mitbringsel der Weißen, die in sein Land
kamen und die man dort sinnvoll nutzen konnte – also Äxte
aus Stahl, Streichhölzer, Kleidung, Medikamente, Erfri-
schungsgetränke, Regenschirme und mehr. Warum wurden
solche und andere technischen Dinge zwar in Europa und
Amerika, nicht aber in Yalis Heimat entwickelt, und dies
trotz der hohen Intelligenz der Neuguineer, die Diamond
höher einschätzt als die seiner Landsleute?

Diamond beginnt die Suche nach einer Antwort auf Yalis

Frage durch einen Überblick über das Geschehen auf den Kontinenten etwa ab 11 000 Jahre vor der christlichen Zeitrechnung, was genauer heißt, daß aufgezählt und erzählt wird, was die Wissenschaft über die Eroberung der Erde durch die bzw. durch den Menschen weiß. Das oben genannte Datum dient dem Autor deshalb als Ausgangspunkt für den Vergleich von historischen Entwicklungen, weil in diese Zeit die Entstehung der ersten Dörfer, die Erstbesiedlung Amerikas und der Beginn der erdgeschichtlichen Neuzeit fallen. Diamond vertritt und belegt nun die These, daß damals noch die Startchancen für alle menschlichen Gesellschaften gleich waren und man nicht erkennen konnte, welche sich schneller entwickeln würde. Und im Rest des Buches versucht er die Ursachen für den Erfolg des Kontinents zu erklären, den er mit Eurasien bezeichnet und der Europa mit Asien meint.

Diamond springt dazu in die Epoche vor, in der Europäer anfangen, die Neue Welt zu kolonialisieren, und er stellt dem Leser die Frage, warum es keine Unternehmung in die entgegengesetzte Richtung gab. Warum machte sich zum Beispiel im 16. Jahrhundert (nach unserer Zählung) nicht der Inka-Herrscher Atahualpa auf den Weg, um den spanischen König Karl I. gefangen zu nehmen und die iberische Halbinsel zu erobern? Warum kam stattdessen Pizarro an den Golf von Mexiko? Und warum konnten die Europäer trotz deutlicher numerischer Unterlegenheit gegen die Inkas gewinnen und ihren Führer in Fesseln legen?

Die offensichtlichen Antworten auf die letzte Frage haben unter anderem mit Infektionskeimen und mit Technologie zu tun, was vor allem Gewehre und Stahlwaffen meint, und damit erklärt sich der Titel des amerikanischen Originals. Wie heute genauer bekannt ist, haben die Menschen in Europa ein wesentlich komplexeres Immunsystem entwickelt, das sie besser gegen viele Krankheitserreger wappnete, unter anderem gegen diejenigen, die sie mit in die Neue Welt schleppten. Sie konnten hier unter den Ureinwohnern wüten und auf diese Weise den wenigen europäischen Kriegern den Sieg ermöglichen.

Damit wird das Thema der Evolution sichtbar, mit deren Hilfe Diamond zeigen will, warum der Gang der Geschichte den Weg genommen hat, den Historiker aufgezeichnet haben und den wir kennen. Die besondere Qualität von *Arm und reich* liegt darin, daß die vorgetragenen Gründe einer naturwissenschaftlichen Überprüfung zugänglich sind und kein Glaube an eine alleinseligmachende Theorie nötig ist.

Wer sich der Evolution verschreibt und ihrem Ansatz vertraut, wird diese Geschichte immer wie einen guten Roman lesen, der bekanntlich einen doppelten Boden haben muß, was konkret bedeutet, daß es unter der Oberfläche noch eine zweite Bedeutung gibt. Neben den bereits genannten Gründen für den Sieg der Europäer muß es also noch eine zweite Ebene geben, die zum Verständnis der menschlichen Geschichte benötigt wird, und dabei geht es um die Herstellung von Nahrungsmitteln, die Domestizierung von Pflanzen und Tieren, die Kenntnis und Nutzung von Bodenschätzen und mehr. Höchst spannend und eindrucksvoll schildert Diamond, wie eine geeignete Landwirtschaft die entscheidenden Vorteile bringt. Leser erfahren, wie solche Regionen die entscheidenden Vorteile gewinnen konnten, die als erste Lebensmittel effizienter anbauen und Überschüsse aufbauen konnten. Damit wurde die Voraussetzung erst für größere Ansammlungen von Menschen und dann für die Bildung städtischer Kulturen geschaffen, aus denen sich richtungsweisende Fortschritte wie das Alphabet mit all seinen Folgen ergaben.

Obwohl der anatomisch moderne Mensch aus Afrika stammt, konnte sich Eurasien an die Spitze der Entwicklung setzen, und zwar aus zwei Gründen. Da waren zum einen große Flächen mit einheitlichen klimatischen Verhältnissen, die den unter diesen Bedingungen lebenden Menschen eine nahezu ungehinderte Ausbreitung in Ost-West-Richtung gestattete. Und da war zum zweiten das durch die Evolution hervorgebrachte Angebot an Pflanzen und Tieren, die kultiviert werden konnten. Ackerbau und Viehzucht, die Voraussetzung für ein Seßhaftwerden, entwickelten sich in dem vorderasiatischen Raum, der als »Fruchtbarer Halbmond« bekannt ist, weil der geographische Umriß unserem Trabanten ziemlich ähnlich sieht. Anders als bei diesem Großstück Erde hat die Evolution im ostafrikanischen Herkunftsgebiet des Menschen weder Haustierarten noch Nutzpflanzen zustande gebracht. Die eindrucksvollen und vielgestaltigen Großtierarten bieten den Menschen keine Hilfe, die sich um ihre Grundnahrung kümmern müssen.

Als weiterer Vorteil Eurasiens kann sein Reichtum an Bodenschätzen genannt werden, der die Voraussetzung für Entdeckung und Nutzung von Metallen liefert. Außerdem sind Vorderasien und Europa ebenso wie China und Japan durch natürliche Gegebenheiten begünstigt, die trotz größerer Entfernungen die Ausbreitung von Ideen entlang der Ost-West-Achse ermöglichen und bessere Austauschbedingungen schaffen als die, die es zwischen Nord- und Südamerika oder in Afrika gab. Die in diesen Kontinenten passierbaren Nord-Süd-Achsen durchqueren mehrere Klimazonen, weshalb sie enorm viel mehr Schwierigkeiten in den Weg legen – vor allem für Pflanzen und Tiere, die vielfach einem Klimawechsel nicht gewachsen sind.

Natürlich haben die Vorzüge der Domestizierung auch ihre Kehrseite. Diamond nennt zwei Nachteile. Einer liegt in der Entstehung von Strukturen, die über Kleingruppen und Familien hinausgingen und in Stämmen hierarchische Ordnungen hervorbrachten. Eine eigene Klasse von Mitgliedern einer Gesellschaft bildete sich aus, die Diamond als »Kleptokraten« bezeichnet. Sie leben etwa als Bürokraten, Verwalter oder Priester auf Kosten der Gemeinschaft, ohne entbehrlich zu sein, da sie als Garanten der Macht fungieren. Ein zweiter besteht in dem Auftreten von Krankheitserregern in den Haustieren, die todbringende Seuchen auslösen konnten. Doch was so gefährlich wirkt, hat auch seine guten Seiten, denn die Evolution kann nicht nichts tun. Vielmehr reagiert sie mit einem trickreichen Immunsystem, das den Europäern – wie oben erwähnt – in weiter Ferne entscheidend geholfen hat.

Es braucht nicht als zufälliges Ergebnis unverständlicher Entwicklungen verstanden werden, daß die Europäer und Ostasiaten – die Eurasier – als derzeitige Gewinner aus den historischen Entwicklungen hervorgegangen sind. Und es braucht wenig Verstand, um zu sehen, daß die künftige Entwicklung zu einem Großteil von ihnen abhängt. Diamond schlägt am Ende von mehr als 500 Seiten Text vor, nach seinen Vorgaben in Zukunft zu versuchen, Geschichte als Naturwissenschaft zu betreiben. Vielleicht wird dann nicht nur die Geschichte (als Wissenschaft), sondern auch die Zukunft (als Wirklichkeit) besser.

**** 🖋 🖋 🖋 🖋   ✒ ✒ ✒ ✒

ÜBRIGENS Wer die Stichworte »Evolution« und »Überlebensbedingungen der Menschheit« hört und sich nach einem deutschsprachigen Beitrag zu dem Themenkomplex fragt, wird früher oder später bei Hoimar v. Ditfurth (1921–1989) landen, der in den 1970 Jahren ein Bestsellerautor und Fernsehstar war. Ditfurth, der das kleine »von« in seinem Namen auf einen Buchstaben (mit Punkt) reduziert sehen wollte, hat 1985 beschrieben, was ihm im Anblick der atomaren Hochrüstung, der zunehmend bemerkten Umweltzerstörung und der ungebremsten Zunahme der Weltbevölkerung durch den Kopf ging. Dies war vor allem die Frage, warum die Menschen zwar feststellen können, wie schwierig ihre Lage ist, warum sie aber zugleich unfähig sind, das eigene Verhalten als Ursache der Bedrohung zu erkennen. *So laßt uns denn ein Apfelbäumchen pflanzen* lautet der bei Martin Luther entlehnte Titel des 1985 erschienenen Buches, in dem Ditfurth uns als Neandertaler der Zukunft charakterisiert und ausführt, daß wir wie viele Arten aussterben werden, weil wir uns nicht an die veränderten Lebensbedingungen anpassen, die wir selbst bewirken.

Wer Ditfurth als Autor vorstellt, verkürzt sein Leben um die ersten knapp fünf Jahrzehnte, in denen er als Neurologe und in der Pharmaindustrie gearbeitet hat. Seine Forschungen handelten von Wirkstoffen, die bei Nervenkrankheiten helfen konnten, und in diesem Zusammenhang hat er angefangen, sich mit der zunehmenden Raffinesse von Nervensystemen und Gehirnen zu beschäftigen. Wer an diesem Thema sitzt, kommt nicht daran vorbei, sich früher oder später zu fragen, wie *die Evolution unseres Bewußtseins* zustande gekommen ist, und darüber hat Ditfurth sein bestes Buch geschrieben. Es heißt *Der Geist fiel nicht vom Himmel,* ist 1976 (bei Hoffmann und Campe in Hamburg) erschienen und enthält glänzende Passagen wie »Die Entstehungsgeschichte des Auges« oder »Biologische Rahmenbedingungen und menschliche Gesellschaft«. Wer in diesem Text liest, kann schon in ihm die möglichen Antworten auf die Frage ahnen, die sich Ditfurth erst 1985 explizit vorlegt, wenn er sein Apfelbäumchen pflanzt: Warum rennen wir weiter dem Abgrund entgegen und nehmen keinen Kurswechsel vor, obwohl unser Verstand schon längst meldet, wie gefährlich die Richtung ist, die wir eingeschlagen haben?

Schlagworte verbieten sich in solch einem Fall, und Ditfurth argumentiert sorgfältig mit den kulturellen und gesellschaftlichen Entwicklungen, die durch die evolutionär (genetisch) bedingten Einschränkungen menschlicher Denkstrukturen zu der Gefahr unseres Aussterbens beitragen. Aber um das apokalyptische Apfelbäumchen soll es hier weniger gehen, denn viel mehr und nachhaltiger gewinnt, wer nachliest, warum der Geist nicht vom Himmel fiel. In dem Buch lehnt Ditfurth den Gedanken ab, der Geist sei das, was ein Gehirn hervorbringt. Für ihn ist der Geist etwas, was ein Gehirn wahrnehmen kann, etwas, auf das hin es sich im Laufe der Evolution entfaltet, und er drückt diesen zentralen Gedanken am Ende des Buches wunderschön aus:

»Das Gehirn hat das Denken nicht erfunden,« heißt es hier, »so wenig, wie die Beine das Gehen erfunden haben oder die Augen das Sehen. Beine sind die Antwort der Evolution auf das Bedürfnis nach Fortbewegung auf festem Boden gewesen. Und Augen waren eine Reaktion der Entwicklung auf die Tatsache, daß die Oberfläche der Erde von einer Strahlung erfüllt ist, die von festen Gegenständen reflektiert wird.«

»So gesehen sind Augen also ein Beweis für die Existenz der Sonne. So, wie Beine ein Beweis sind für das Vorhandensein festen Bodens und ein Flügel ein Beweis für die Existenz von Luft. Deshalb dürfen wir auch vermuten, daß unser Gehirn ein Beweis ist für die reale Existenz einer von der materiellen Ebene unabhängigen Dimension des Geistes.«

***   🖋 🖋 🖋 🖋 🖋   〰〰〰〰〰

11

Francis Crick

Was die Seele wirklich ist

Oliver Sacks

*Der Mann, der seine Frau
mit seinem Hut verwechselte*

Die englischsprachige Originalausgabe des Buches ist 1994 unter dem Titel *The Astonishing Hypothesis* bei Charles Scribner's Sons (New York) erschienen. Die deutsche Übersetzung ist im gleichen Jahr von Artemis & Winkler (München) vorgelegt worden. Eine Taschenbuchausgabe gibt es in der Reihe rororo science beim Rowohlt Verlag.

Francis Harry Compton Crick – so seine sämtlichen Vornamen – ist am 8. Juni 1916 geboren worden, und zwar in Mittelengland als Mitglied der Mittelschicht. Seine ihm offenbar angeborene Neugier hat seine Eltern veranlaßt, ihm eine Kinderenzyklopädie zu kaufen, dessen naturkundlichen Teil der Knabe verschlang. So beschloß Crick schon in sehr zartem Alter, »Wissenschaftler zu werden«, wie er in seiner Autobiographie *Ein irres Unternehmen* mitteilt. Der heranwachsende Francis gewinnt dabei früh die Gewißheit, »daß detailliertes wissenschaftliches Wissen bestimmte religiöse Glaubenssätze unhaltbar macht«.

Cricks berufliche Karriere beginnt mit dem Erwerb eines Diploms in Physik und wird dann durch den Zweiten Weltkrieg unterbrochen. Nach 1945 entdeckt der bald 30jährige, wo seine Interessen liegen. Er nimmt sich vor, die Grenzlinie zwischen Belebtem und Unbelebtem und die Entstehung des Bewußtseins zu erkunden, und er will beweisen, daß die Wissenschaft in beiden Fällen etwas beitragen kann.

Nachdem er 1953 gemeinsam mit James D. Watson die Struktur des Erbmaterials entdeckt hat, läuft Crick zu Hochform auf. Er dominiert das Feld der sich entwickelnden Molekularbiologie und formuliert höchst selbstbewußt das berühmte molekulare Dogma, demzufolge die genetische Information von der DNA über die RNA zu den Proteinen fließt, ohne von dort zurückzukommen. 1962 erhält er zusammen mit Watson und M. Wilkins den Nobelpreis für Physiologie oder Medizin.

1976 tritt eine Wende in Cricks Leben ein. Er wird eingeladen, ein Jahr in Kalifornien zu verbringen, wo es ihm am berühmten Salk Institut für Biologische Studien so gut gefällt, daß er sich aus der alten Welt verabschiedet und in die Nähe von San Diego zieht: »Ich persönlich fühle mich in Kalifornien zu Hause. Mir gefällt diese Atmosphäre des Wohlstands, und ich mag den gelassenen und lockeren Lebensstil.« In seinem Büro mit Blick auf den Pazifik beschäftigt sich Crick mit der Funktionsweise des Gehirns und marschiert direkt auf sein Zentralthema zu: das Bewußtsein. Dabei entwickelt er die »erstaunliche Hypothese«, die er in seinem Buch beschreibt.

ZUM TEXT   »Dieses Buch«, so beginnt der berühmte Molekularbiologe sein Buch über die Frage, *Was die Seele wirklich ist,* »dieses Buch handelt vom Geheimnis des Bewußtseins – wie Bewußtsein sich wissenschaftlich erklären läßt.« Und Crick stellt klar: »Ich biete keine flotte Lösung des Problems an« – wie es Philosophen gerne tun, »die verblendet genug sind zu wähnen, sie hätten das Geheimnis bereits gelüftet« –, vielmehr geht es ihm um Vorschläge, »wie Bewußtsein experimentell zu untersuchen ist«. Er will wissen: »Was geht in meinem Hirn vor sich, wenn ich etwas sehe?« Und wie es in der Wissenschaft üblich ist, beginnt die Untersuchung mit einer Hypothese, die in diesem Fall von ihrem Autor selbst als »Erstaunliche Hypothese« mit einem großen E bei dem Attribut bezeichnet wird. Crick formuliert sie, indem er den Leser oder die Leserin direkt anspricht, wenn auch in Anführungszeichen:

»›Sie‹, Ihre Freuden und Leiden, Ihre Erinnerungen, Ihre

Ziele, Ihr Sinn für Ihre eigene Identität und Willensfreiheit – bei alledem handelt es sich in Wirklichkeit nur um das Verhalten einer riesigen Ansammlung von Nervenzellen und dazugehörigen Molekülen. Lewis Carrolls Alice aus dem Wunderland hätte es vielleicht so gesagt: ›Sie sind nichts weiter als ein Haufen Neurone.‹ Diese Hypothese ist so weit von den Vorstellungen der meisten Menschen entfernt, daß man sie wahrlich als erstaunlich bezeichnen kann.«

Es ist offenkundig, daß Crick in der Sprache der von ihm verachteten Philosophen ein Monist ist, der an eine einzige – die materielle – Wirklichkeit glaubt und die Welt des Geistes für etwas hält, das daraus hervorgeht. Geist ist für Crick das, was ein Gehirn produziert, und damit steht er genau auf der anderen Seite des Grabens, der Hirnforscher seit ewigen Zeiten trennt. Ihm gegenüber findet sich zum Beispiel der bereits erwähnte Hoimar v. Ditfurth, der an zwei Formen von Wirklichkeit glaubt und als Dualist den Geist für etwas hält, dem sich ein Gehirn nähern und es in Umrissen erfassen kann.

Crick macht die Unterscheidung der Auffassungen am Begriff der Seele fest (was auch den deutschen Titel rechtfertigt), dessen Bedeutung er natürlich in Zweifel zieht. Zwar glauben die meisten Menschen, daß sie Seelen haben, und zwar in einem ganz wörtlichen und nicht bloß metaphorischen Sinn. Aber »ein moderner Neurobiologe braucht die religiöse Vorstellung einer Seele nicht, um das Verhalten von Menschen und anderen Lebewesen zu erklären«. Er braucht nur die Wechselwirkung von Nervenzellen und ihren dazugehörigen Molekülen in ausreichendem Detail zu kennen, auch wenn dies zur Zeit noch nicht vollständig und umfassend gelingt.

Crick weiß natürlich, welche Vorwürfe ihn aus vielen Richtungen jetzt treffen. Dazu gehört mit Sicherheit der des

Reduktionismus, mit dem behauptet wird, daß sich das Funktionieren der Dinge nur von unten erklären läßt. Mit dieser Formulierung ist zum Beispiel gemeint, daß Atome erklären, was die Moleküle können, die aus ihnen bestehen, während umgekehrt die Moleküle nicht erklären, wie ihre Bauteile, die sie konstituierenden Atome, auszusehen haben. Doch auf solche Einwände kann er gelassen reagieren und vielfach mit der Geschichte der Wissenschaft kontern, zum Beispiel mit seinem eigenen Beitrag in Form der Doppelhelix. Bevor diese Struktur entdeckt (oder erfunden) wurde, haben viele Philosophen stark bezweifelt, daß es jemals gelingen kann, eine Erklärung der elementaren Lebensvorgänge (Reproduktion) durch das Aussehen eines Moleküls zu geben bzw. an ihm festzumachen. Die durch Crick (und andere) möglich gewordene und erfolgreich agierende Wissenschaft der Molekularbiologie tut aber genau dies und beweist durch ihr Vorhandensein, daß Leben (oder ein Stück davon) molekular erklärbar ist. Und warum sollte mit dem Geheimnis des Bewußtseins nicht gelingen, was mit dem Geheimnis des Lebens geklappt hat?

Wie es der Name sagt – die Erstaunliche Hypothese ist vor allem eine Hypothese, und Crick erkundet die Möglichkeiten der exakten Naturwissenschaften, um sie zu bestätigen oder zu widerlegen. Der größte Teil des Buches präsentiert dabei den Stand der Neurowissenschaften, wobei sich Crick auf die Erforschung des Sehens konzentriert. Er stellt das visuelle System bei Primaten vor, geht genauer auf die Sehrinde (den visuellen Cortex) ein und rückt immer dichter an das Thema »visuelles Bewußtsein« heran, über dessen Problematik er sich völlig im Klaren ist. Wissenschaft ist ein Meister, wenn es um Quantitäten geht – etwa um die Bestimmung der Wellenlänge von Licht, das als Rot empfunden wird. Aber Wissenschaft tut sich schwer, wenn es um Qualitäten geht, also um die Röte von Rot und damit um die Tatsache, »daß sich die von mir so lebhaft wahrgenommene Röte von Rot keinem anderen Menschen mitteilen läßt – jedenfalls nicht im gewöhnlichen Gang der Dinge«, wie Crick schreibt. Er hält dieses Problem der Qualia, wie Philosophen sagen würden, zwar noch lange nicht für gelöst. Aber er glaubt, daß die verschiedenen Formen von Bewußtsein, die damit gemeint sind, letztlich nur mit den Mitteln und Konzepten der Neurobiologie verstanden werden können, und zwar dann, wenn man das »neuronale Korrelat des Rotsehens einer Person« kennt. Hier liegt eine wichtige Aufgabe der Forschung, nämlich das Neuronenverhalten genau ausfindig zu machen, welches dazu führt, daß jemand Rot sieht (und nicht Blau).

Wie in diesem Fall so versucht Crick mit allen Fragen, die sich einem Hirnforscher stellen, nicht verquast philosophisch sondern nüchtern wissenschaftlich umzugehen. Und wer sich diesen Standpunkt als eine Denkmöglichkeit zu eigen machen kann (und sich nicht durch andere Vorurteile befangen fühlt), erfährt mit sprachlicher Eleganz und sachlichem Scharfsinn, was die Neurobiologie kann und können sollte. Beim Lesen ahnt man, wie Crick seine großen Erfolge in der Wissenschaft erreicht hat, nämlich dadurch, die Komplexität nicht zu scheuen und sich ernsthaft auf sie einzulassen in der Hoffnung, daß es irgendwo eine Stelle gibt, an der sie mit einfachen Argumenten zu durchdringen ist. So war es mit der Vererbungsforschung (Genetik), und so wird es mit der Bewußtseinsforschung sein. Für ihn ist jedenfalls kein unüberwindliches Hindernis zwischen Wissenschaft und Bewußtsein zu sehen, und seine Erforschung stellt eine Aufgabe der Wissenschaft dar.

Mit solchen Ansichten reizt Crick sicher viele Philosophen, aber das will er ja auch, denn wie heißt es so schön im letzten Kapitel – »Dr. Cricks Wort zum Sonntag«: »Die Ansicht, nur Philosophen könnten das Problem des Bewußtseins lösen, ist völlig haltlos. Die Bilanz der Philosophen in den letzten zweitausend Jahren ist derart armselig, daß ihnen eine gewisse Bescheidenheit besser anstünde als die hochtrabende Überheblichkeit, die sie gewöhnlich an den Tag legen.«

Crick entgeht keineswegs, daß es echte philosophische Rätsel gibt, und eines nennt er auch beim Namen, nämlich die Frage nach der Wirklichkeit der Außenwelt. Gibt es die Welt vor unseren Augen wirklich, so wie sie uns von einem Gehirn gezeigt wird, das in der Evolution eine andere Aufgabe bekommen hat, nämlich die, uns zu helfen, »mit unserem Körper zurechtzukommen«? Cricks wenig erstaunliche Arbeitshypothese dazu lautet:

»Es gibt tatsächlich eine Außenwelt, und sie ist unabhängig davon, daß wir sie wahrnehmen. Wir können von dieser Außenwelt niemals vollständiges Wissen haben«, wir können jedoch einige ihrer Aspekte kennenlernen, wobei sowohl bei dem Erwerb von Sinnesinformationen als auch bei der Analyse unserer Introspektionen Irrtümer möglich sind. Solche Fehlleistungen stellt Crick in seinem Buch zur Genüge vor, was ihn zu dem Schluß verleitet, daß wir uns manchmal etwas vormachen, über die Welt und uns selbst. Anwesende sind sicher nicht ausgenommen.

***** 🪶 🪶 🪶 🪶 ✒️✒️✒️

ÜBRIGENS Unser Gehirn kann uns etwas vormachen, wie zwar niemandem gesagt zu werden braucht, wie aber niemand besser beschrieben hat als der 1933 in London geborene und in New York als Professor für Klinische Neurologie tätige Oliver Sacks. Der auch als Nervenarzt praktizierende Sacks hat vor einigen Jahrzehnten sein Talent als Schreiber entdeckt, und seitdem erzählt er höchst erfolgreich Geschichten von Menschen, die zu ihm in die Praxis kommen und deren Gehirn etwas anders funktioniert, als es normal ist. Während die Wissenschaft mehr auf die physiologische Grundlage der Krankheit achtet und die Region im Gehirn sucht, die bei den Betroffenen ausgefallen ist, sieht Sacks, wie seine Patienten ihre »Balance auf Messers Schneide« verloren haben und in einen Abgrund gefallen sind, der sie von ihren Mitmenschen trennt. Berühmt geworden ist der Musikwissenschaftler, der vertraute Gesichter nicht mehr erkennen kann und von einem »roten, gefalteten Gebilde mit geradem grünem Anhängsel« spricht, wenn er eine Rose sieht. Als er sich von Sacks verabschieden und seinen Hut aufsetzen will, greift er statt dessen nach dem Kopf seiner Frau.

Der Mann, der seine Frau mit einem Hut verwechselte ist 1987 auf Deutsch erschienen (zwei Jahre nach der Originalausgabe) und vielfach aufgelegt worden (bei Rowohlt). Es sind zugleich wunderbare und erschütternde Geschichten, die Sacks unter anderem von einem wandelnden Musiklexikon, von autistischen Künstlern und von mathematisch begabten Idioten erzählt. Im letzten Fall handelt es sich um Zwillinge, die zwar auf ein eintöniges Leben beschränkt sind, aber – so fällt Sacks auf – einen Weg gefunden haben, Momente des Glücks zu erleben. Weil er seine Patienten achtet und liebt, kann Sacks hinter das Geheimnis der Zwillinge kommen. Es besteht in dem Finden von sechsstelligen Primzahlen, die sie sich gegenseitig zuflüstern.

Den Fallgeschichten hängt Sacks jeweils eine Nachschrift an, in der die neurologischen Hintergründe skizziert werden, so weit sie der Wissenschaft zugänglich sind. Dabei wird einem Leser klar, wie winzig eine Hirnverletzung nur zu sein braucht, um uns in eine andere Welt zu versetzen. Wir leben schon immer »auf Messers Schneide«, wie es Doris Lessing ausgedrückt hat, nachdem sie von dem

Mann, der seine Frau mit einem Hut verwechselte, gelesen hatte. Nach der Lektüre hat sich daran nur eines geändert: Wir wissen jetzt von unserer Lage.

*** 𝓸𝓸 𝓸𝓸 𝓸𝓸 𝓸𝓸 𝓸𝓸

12

Konrad Lorenz
Die Rückseite des Spiegels

Carl Friedrich von Weizsäcker
Zum Weltbild der Physik

ZUM BUCH Der *Versuch einer Naturgeschichte des menschlichen Erkennens* – so der Untertitel des ausgewählten Buches – ist 1973 im Piper Verlag (München) erschienen. Es hat mehrere Taschenbuchausgaben gegeben, erst im Deutschen Taschenbuchverlag und zuletzt 1996 bei Piper.

ZUM AUTOR Konrad Lorenz ist am 7. 11. 1903 in Wien geboren worden und am 27. 2. 1989 im niederösterreichischen Altenberg gestorben. Hier stand mitten auf einem Riesenanwesen die Riesenvilla, die sein Vater, Adolf Lorenz, hatte bauen lassen. Er gilt als Begründer der modernen Orthopädie und konnte mit dazugehörigen Erfindungen ein ansehnliches Vermögen machen.

Im Alter von nur vier bis fünf Jahren fing der kleine Konrad zwar an, Feuersalamander und Enten aufzuziehen, aber der Vater erlaubte ihm das Studium der Zoologie trotzdem nicht. Dies sei eine brotlose Kunst. Er zwang dem Sohn sein eigenes Fach – die Medizin – auf und schickte ihn zu diesem Zweck 1922 nach New York. Dieser Schritt sollte den jungen Mann auch von der Gretl entfernen, mit der Konrad seit den Sandkastentagen spielte. Doch im Januar 1923 war Lorenz wieder da, und der Vater kapitulierte. Lorenz studierte in Wien und heiratete seine Gretl.

Die ersten wissenschaftlichen Arbeiten von Lorenz enthalten zum Beispiel *Betrachtungen über das Erkennen der arteigenen Triebhandlungen der Vögel,* oder sie beschreiben *Beobachtetes über das Fliegen der Vögel und über die Beziehungen der Flügel- und Steuerform zur Art des Fluges.* Bald denkt er allgemeiner über das Tierverhalten nach. Er analysiert *Biologische Fragen in der Tierpsychologie* und versucht, sich *Über die Bildung des Instinktbegriffs* klar zu werden. Am Ende der 1930er Jahre beginnt seine akademische Karriere, und ein Jahr nach Kriegsausbruch gelangt Lorenz als Professor für vergleichende Psychologie nach Königsberg, wo er Inhaber des ehrwürdigen Lehrstuhls von Immanuel Kant wird.

Erste Berühmtheit erlangt Lorenz als »Vater der Graugänse«, bei denen er das Phänomen der Prägung entdeckt. Nach dem Krieg wird er Direktor am Max-Planck-Institut für Verhaltensphysiologie erst in Buldern und später in Seewiesen. 1963 wird sein Name in aller Welt bekannt, als sein Buch *Das sogenannte Böse* erscheint und ein Bestseller wird. Hierin beschreibt Lorenz die Aggression als einen von innen heraus wirkenden Trieb des Menschen, der wie Hunger und Sex in periodischen Abständen sein Recht verlangt und deshalb nicht durch Erziehungsbemühungen aus der Welt zu schaffen ist. 1973 wird zum ersten Mal drei Verhaltensforschern der Nobelpreis für Physiologie oder Medizin zuerkannt, und zwar Konrad Lorenz, Karl von Frisch und Niko Tinbergen.

ZUM TEXT Als Autor berühmt geworden ist Konrad Lorenz mit *Die Rückseite des Spiegels* nicht. Triumphale Bestseller sind zwei andere Bücher geworden, die Böses im Titel führen, nämlich *Das sogenannte Böse* und *Die acht Todsünden der zivilisierten Menschheit*. Wir wollen die acht Todsünden und ihre merkwürdigen Prophezeiungen vom kulturellen Verfall unserer Gattung an dieser Stelle zwar mit dem Mantel des Schweigens umhüllen, aber nicht, ohne den zahlreichen Kritikern zu empfehlen, einmal darüber nachzudenken, warum solch ein Buch sehr viel mehr Leser gefunden hat, als ihre eigenen Texte jemals finden werden. Es genügt an dieser Stelle nicht, Millionen Menschen vorzuwerfen, sie hätten das falsche Buch gelesen und sich von ihm begeistern lassen.

Erwähnt werden muß aber *Das sogenannte Böse.* Hierin geht es um die *Naturgeschichte der Aggression,* also um die Evolution dieser Verhaltensweise, die offenbar überlebenswichtig ist. Mit diesem Buch sind einige Merkwürdigkeiten verbunden. Kurios ist zum einen die Tatsache, daß Lorenz das »Böse-Buch« seiner Frau gewidmet hat, und zwar deshalb, weil er es nicht aus Interesse an der Aggression im allgemeinen geschrieben hat, sondern weil er der Überzeugung war, daß sie die Wurzel ehelicher Liebe sei! Für Lorenz hat die Aggression langfristig einen positiven Einfluß, denn »die beiden großen Konstrukteure« der Evolution, »die alle Stammbäume wachsen lassen« – nämlich Mutation und Selektion –, haben »gerade den ruppigen Ast der intraspezifischen Aggression ausersehen, um aus ihm die Blüte der persönlichen Freundschaft und Liebe sprießen zu lassen«.

Und kurios ist zum anderen die Tatsache, daß viele Psychologen und andere Kollegen *Das sogenannte Böse* bei seinem Erscheinen zwar mit brennenden Augen und angehaltenem Atem gelesen haben, daß sie es heute aber nicht mehr als Seminarlektüre verwenden können, weil es von gedanklichen Unstimmigkeiten nur so wimmelt und Anekdoten als Hilfsmittel wissenschaftlicher Beweisführung einführt. Berühmt ist der Hinweis auf eine Tante, die in regelmäßigen Abständen ihr Dienstmädchen feuerte; Lorenz führt diesen Umgang tatsächlich allen Ernstes als Beweis für seine Theorie der sich stauenden Aggressionsenergie an.

Die Rückseite des Spiegels ist zwar aufregend, kommt aber viel weniger aufgeregt daher. In dem Buch argumentiert Lorenz kenntnisreich und sorgfältig zugleich, wobei er den wunderbaren Gedanken in die Welt setzt, daß das Leben selbst ein erkenntnisgewinnender Vorgang ist. Das im Jahr seiner Emeritierung publizierte Buch beginnt im Kopf seines Autors mehr als 30 Jahre früher zu wachsen. Damals war Lorenz nach Königsberg berufen worden, und er konnte beginnen, sich Gedanken darüber zu machen, wie Erkennen funktioniert, und zwar bei Tieren und Menschen. Bei den Tieren hatte er etwas entdeckt, das aufregend und fundamental zugleich war.

Ausgangspunkt war ein Erlebnis mit Graugänsen, zu denen er eine besondere Liebe entwickelt hatte. Eines Tages verfolgte Lorenz, wie ein Graugansküken (Gössel) aus dem Ei schlüpfte, und am Ende seines wissenschaftlichen Treibens passierte etwas Merkwürdiges: Der kleine Vogel »grüßte« seinen Beobachter – das heißt, er senkte sein Köpfchen und wisperte ein wenig – und ließ nicht mehr von ihm ab. Alle Versuche, das Gössel ins Bauchgefieder der Mutter zu stecken, schlugen fehl. Die kleine Graugans folgte Lorenz, wo immer der Professor hinging. Er mußte sie wohl oder übel adoptieren und gab ihr den Namen »Martina«. Sie kann wohl als die berühmteste Gans der neueren Geschichte angesehen werden, denn mit ihrer Hilfe wurde zum ersten Mal ein Verhalten wissenschaftlich erfaßt – die Bindung an den ersten nach der Geburt erblickten (»erkannten«) Gegenstand –, das heute »Prägung« heißt und ein grundlegendes Phänomen tierischen Verhaltens darstellt.

Mit diesem ersten Hinweis auf biologische Grundlagen von Weltverständnis machte sich Lorenz – mit Kants Königsberger Geist im Rücken – daran, allgemein über die Bedingungen der Möglichkeit von Erkenntnis nachzudenken. Was Kant als Philosoph ohne Kenntnis der Naturgeschichte ausgearbeitet hat, wird von Lorenz als Biologe ohne Detailkenntnisse der Philosophiegeschichte geprüft. Die ersten Ergebnisse dieses Nachdenkens kommen 1941 zu Papier. Und sie sind überwältigend. Mitten im Krieg erscheint in den *Blättern für Philosophie* die wohl tiefsinnigste Arbeit von Lorenz mit dem Titel *Kants Lehre vom Apriorischen im Lichte gegenwärtiger Biologie*. Seine Hauptthese lautet wie folgt:

»Für den Naturforscher ist es Pflicht, den Versuch der natürlichen Erklärung zu machen, ehe er sich mit der Heranziehung außernatürlicher Faktoren zufrieden gibt, und diese Pflicht besteht in vollem Maße für den Psychologen, der sich mit der von Kant entdeckten Tatsache auseinandersetzen muß, daß es so etwas wie apriorische Denkformen gibt. Wenn man nun die angeborenen Reaktionsweisen von untermenschlichen Organismen kennt, so liegt die Hypothese ungemein nahe, daß das ›Apriorische‹ auf stammesgeschichtlich gewordenen, erblichen Differenzierungen des Zentralnervensystems beruht, die eben gattungsmäßig erworben sind und die erblichen Dispositionen, in gewissen Formen zu denken, bestimmen.«

Mit anderen Worten: Lorenz verwandelt Kants Apriori zu einem Aposteriori der Evolution. Er erkennt, daß die jedem Menschen a priori gegebenen und vor jeder Wahrnehmung und individuellen Erfahrung existierenden Formen der Anschauung und Kategorien im Verlauf der evolutionären Geschichte unserer Gattung entstanden und insofern als a posteriori zu betrachten sind.

Diesen Gedanken führt Lorenz in aller Breite und Tiefe in der *Rückseite des Spiegels* aus, wobei anzumerken ist, daß er mit der Niederschrift des Manuskriptes in den sieben Jahren begonnen hatte, die er von 1942 an in russischer Kriegsgefangenschaft verbringen mußte. Er benutzte dazu Papierteile von Zementsäcken, die ihm der mit Brot bestochene Schneider des Lagers glatt bügelte. Unter äußerlich extrem schwierigen Umständen entsteht der Entwurf für eine evolutionäre Erkenntnistheorie, die wohl zu den größten Leistungen von Lorenz gehört und mehr als rechtfertigt, daß er dort Platz genommen hatte, wo Kant philosophierte.

In diesem Buch versucht Lorenz nicht nur, den Menschen in die Natur einzubinden. Er bemüht sich auch, ihn hervorzuheben, und zu diesem Zweck hat er den Begriff der »Fulguration« vorgeschlagen, der vom lateinischen fulgur, der Blitz, abgeleitet ist. Er wollte damit ausdrücken, daß verschiedene, zunächst voneinander unabhängige Elemente, sobald sie zusammengeschlossen werden, ein neuartiges System ergeben, dessen Eigenschaften nicht mehr auf die Eigenschaften der einzelnen Elemente reduzierbar sind. Das menschliche Bewußtsein kann als Systemeigenschaft des Gehirns betrachtet werden. Es entstand demzufolge nicht als unabhängiges Etwas, sondern als Leistung des organischen Ganzen, nachdem geeignete neuronale Elemente zusammengeschaltet worden waren:

»Wollte man Leben definieren, so würde man sicher die Leistung des Gewinnens und Speicherns von Information in die Definition einbeziehen, ebenso wie die strukturellen Mechanismen, die beides vollbringen. In dieser Definition aber wären die spezifischen Eigenschaften und Leistungen des Menschen nicht enthalten. Es fehlt in dieser Definition des Lebens ein essentieller Teil, nämlich alles das, was menschliches Leben, geistiges Leben ausmacht. Es ist daher keine Übertreibung zu sagen, daß *das geistige Leben des Menschen eine neue Art von Leben sei.*«

Lorenz liebte es, das Bibelwort »Es gibt nichts Neues unter der Sonne« in sein Gegenteil zu verkehren und zu behaupten, nichts sei schon dagewesen und alles sei neu. Vor allem glaubte er, daß die geistigen Eigenschaften des Menschen etwas Neues in der Geschichte der Welt seien und daß die Evolution unentwegt Neues hervorbringe.

Was Lorenz schrieb, war nie unumstritten, weil er tierisches Verhalten beobachtete und daraus Erklärungen für das menschliche Verhalten ableitete. Er hatte immer viele Philosophen gegen sich, die er mit der *Rückseite des Spiegels* endgültig auf die Palme brachte. Doch diesmal bissen seine Gegner auf Granit. Diesmal hatte er nicht leichtfertig unzulässige Grenzüberschreitungen vorgenommen, sondern umgekehrt den reinen Denkern eklatante Schwächen nachgewiesen, und sein Buch lieferte mehr Fortschritte für die Philosophie der Erkenntnis als alle Arbeiten, die von den Fachleuten der Zunft in den letzten 100 Jahren produziert worden waren. Lorenz machte die Philosophen nämlich darauf aufmerksam, daß sie eine ganz wesentliche Dimension unterschlagen bzw. vergessen hatten, und zwar die Dimension der Zeit, die das Leben zur Evolution und zum Erkenntnisgewinn nutzt. Mit dieser Öffnung bot sich die Möglichkeit einer evolutionären Erkenntnistheorie, die Lorenz ganz selbstverständlich war, denn »für den Naturforscher ist der Mensch ein Lebewesen, das seine Eigenschaften und Leistungen, einschließlich seiner hohen Fähigkeiten des Erkennens, der Evolution verdankt, jenem äonenlangen Werdegang, in dessen Verlauf sich alle Organismen mit den Gegebenheiten der Wirklichkeit auseinandergesetzt und – wie wir zu sagen pflegen – an sie angepaßt haben. Dieses stammesgeschichtliche Geschehen ist ein Vorgang der Erkenntnis, denn jede ›Anpassung an‹ eine bestimmte Gegebenheit der äußeren Realität bedeutet, daß ein Maß von ›Information über‹ sie in das organische System aufgenommen wurde.«

Lorenz nennt das, was den Menschen zur Wahrnehmung der Welt zur Verfügung steht, ihren »Weltbildapparat«, und er nimmt die Idee des Bildes so ernst, wie sie es verdient, denn »in der Entwicklung des Körperbaus, in der Morphogenese, entstehen Bilder der Außenwelt: Die Flossen- und Bewegungsform der Fische bildet die hydrodynamischen Eigenschaften des Wassers ab, die dieses unabhängig davon besitzt, ob Flossen in ihm rudern oder nicht. Das Auge ist, wie Goethe richtig erschaute, ein Abbild der Sonne und der physikalischen Eigenschaften, die dem Licht zukommen, unabhängig davon, ob Augen da sind, es zu sehen. Auch das Verhalten von Tier und Mensch ist, soweit es der Umwelt angepaßt ist, ein Bild von ihr. [...] Aus dieser Einsicht folgt, daß wir die menschliche Fähigkeit zum Erkennen der Wirklichkeit anders beurteilen, als es die Erkenntnistheoretiker bisher getan haben.«

An dieser Stelle kann hinzugefügt werden, daß es vermutlich nicht nur die Idee einer natürlichen Selektion der Denk- und Anschauungsformen ist, die für Philosophen befremdlich erscheinen mußte. Dieser Eindruck hat vielleicht noch mehr mit den Bildern zu tun, von denen Lorenz spricht und die er an den Anfang und in das Zentrum des Erkennens rückt. Solche Bilder kommen bei Kant und seinen Nachfolgern nicht vor, weil der Königsberger Aufklärer in den rational konstruierten Begriffen die Lösung aller Fragen sah und alles Erkennen auf Kategorien zurückführte, die er selbst ausschließlich rational entworfen hatte (was allein deshalb merkwürdig ist, weil es vor der Rationalität etwas anderes als sie selbst gegeben haben muß).

Man darf bis heute in Lorenz den imaginativen und phantasievollen Naturphilosophen bewundern, der einmal (von 1940 bis 1942) den Lehrstuhl Kants in Königsberg eingenommen hatte. Man kann darüber hinaus den einfallsreichen Beobachter der Tiere verehren, deren Verhalten er seit Kindertagen erkundete, und man darf sich an seiner lebendigen und witzigen Sprache erfreuen, die immer frisch und originell wirkt. Und doch kann diese Hinwendung nicht einhellig und bedenkenlos erfolgen, und sie bleibt immer durch heftige Momente der Ablehnung überschattet. Zum Leidwesen vieler Verehrer des genialen Mannes gab und gibt es nämlich dunkle Momente und Gedanken in seinem Leben. Lorenz hat sich zum Beispiel in den vierziger Jahren bei den damaligen Machthabern in Deutschland beliebter als nötig gemacht, als er in Texten keinen Einwand gegen die »Ausmerzung ethnischer Minderheiten« erhob. Und bis zum Ende seines Lebens beklagt Lorenz die seiner Ansicht nach erblich fixierte und damit unumgängliche moralische Degeneration der Menschen. Er wirft ihnen Verweichlichung vor und konstatiert den Wärmetod des Gefühls, so als ob er von einem Naturgesetz des Zerfalls redet, dem die Menschen unausweichlich ausgesetzt seien. Keine Frage, an dieser Stelle hat er stark überzogen. Aber *Die Rückseite des Spiegels* leuchtet so hell wie am ersten Tag ihres Erscheinens.

**** 🐦 🐦 🐦 🐦 🐟 🐟 🐟 🐟 🐟

ÜBRIGENS *Die Rückseite des Spiegels* gibt es auch gespiegelt, und zwar in der Textsammlung von Carl Friedrich von Weizsäcker, in der der 1912 in Kiel geborene Gelehrte einige seiner *Beiträge zur geschichtlichen Anthropologie* gesammelt hat. Das 1977 erschienene Buch mit dem Titel *Der Garten des Menschlichen* verhandelt eine unglaubliche Fülle von Themen, die von der Friedenspolitik über die Ambivalenz des Fortschritts und biologische Präliminarien zur Logik gehen und bis zur Beschäftigung mit dem Schönen, dem Tod und der Seligpreisung reichen. Carl Friedrich von Weizsäcker, der in den 1970er Jahren spielend leicht jedes Auditorium Maximum füllte und stundenlang ohne Manuskript druckreif über Gott und die Welt sprechen konnte, hat so viele Bücher geschrieben, daß man fast genötigt ist, eines von ihnen in einen Kanon einzureihen, wenn auch die Qual der Wahl bleibt. Welches soll man lesen bzw. aufnehmen?

Das Problem steckt darin, daß von Weizsäcker (fast) alles weiß und seine Texte den Leser kaum an die Hand nehmen, um ihm etwas Neues zu zeigen, sondern vor allem immer wieder und hartnäckig erklären und erläutern, was andere gezeigt haben. Das reicht von Dietrich Bonhoeffer und Martin Heidegger bis Sigmund Freud und Konrad Lorenz, dessen Rückseite er wunderschön spiegelt, denn:

»Wenn das Bewußtsein ein Spiegel ist, so kennen wir die Rückseite des Spiegels nur gespiegelt.« Was aber nicht heißt, »die Dinge seien nur unsere Vorstellungen, da wir zwischen einem nur vorgestellten und einem beobachteten Ding sehr gut unterscheiden können«.

So elegant sich dies liest und so spannend von Weizsäcker weitere Gedanken entwickelt, um uns den *Garten des Menschlichen* zu zeigen – wer nur eines seiner Bücher lesen will, dem werden seine frühen Überlegungen *Zum Weltbild der Physik* empfohlen, die zum ersten Mal 1943 (im Leipziger Hirzel Verlag) erschienen sind. In diesem Buch spricht der Autor selbst. Er plagt sich aus einem genuinen Bedürfnis heraus mit den Konsequenzen eines großen Verlustes ab, den er als junger Physiker erleben mußte. Seine ersten Sätze lauten:

»Vor einigen Jahrzehnten besaß die Physik ein geschlossenes Weltbild. Es bot einen Rahmen, in den alle bekannten physikalischen Erscheinungen paßten. Es übte als Vorbild eines wissenschaftlichen Weltbildes einen entscheidenden Einfluß auf alle anderen Wissenschaften aus. Bis in die großen Fragen der Weltanschauung hinein erstreckten sich seine Wirkungen und halfen das geistige Gesicht der Zeit zu prägen. Heute besteht dieses Weltbild nicht mehr.«

Wahrscheinlich sind Physik und Philosophie – die Wissenschaft und das menschliche Denken – nie so eng miteinander verwoben worden wie in diesem Buch. Es endet mit der Erwartung, daß eines Tages »vielleicht ein neuer Mensch die Augen öffnen und sich mit Erstaunen einer neuen Natur gegenüber sehen« wird. Ihm müßte allmählich jemand etwas *Zum Weltbild der Biologie* erzählen. Doch solch ein von Weizsäcker ist noch nicht aufgetaucht. Vielleicht fängt er jetzt an zu schreiben.

**** 🕶 🕶 🕶 🕶 🕶 📖 📖 📖

13

Gerhard Vollmer

Evolutionäre Erkenntnistheorie

Karl Popper

Alles Leben ist Problemlösen

Die *Evolutionäre Erkenntnistheorie* ist in erster Auflage 1975 im Hirzel Verlag, Stuttgart, erschienen und seitdem immer wieder neu gedruckt worden. Im Jahre 2002 ist eine unveränderte 8. Auflage auf den Markt gekommen (zu der der Autor dieses Buches ein Vorwort beisteuern durfte).

Gerhard Vollmer ist 1943 in Speyer geboren worden. Er hat erst Mathematik, Physik und Chemie studiert – in München, Berlin und Freiburg –, dann als Praktikant beim Deutschen Elektronen-Synchroton (DESY) in Hamburg gearbeitet, und anschließend ist er Assistent für Theoretische Physik geworden. In dem Fach hat er auch promoviert, aber nur, um danach noch Philosophie und Sprachwissenschaft zu studieren. Ein einjähriger Aufenthalt im kanadischen Montreal gab ihm zu Beginn der 1970er Jahre die Chance, sich mit den Fragestellungen der modernen Wissenschaftstheorie vertraut zu machen. Sie führten Vollmer auch zu dem Thema des hier vorgestellten Buches, das aus seiner zweiten Doktorarbeit hervorgegangen ist. In ihr nahm er sich vor, die biologischen Vorstellungen von der Evolution und die philosophischen Theorien der Erkenntnis zu verknüpfen. Nach einigen Jahren als Akademischer Rat bzw. Oberrat für Philosophie in Hannover wurde Vollmer 1981 Professor für Philosophie in Gießen. Zehn Jahre später wechselte er an die Technische Universität Braunschweig und ist dort heute Direktor des Seminars für Philosophie. Seine Arbeitsgebiete umfassen die Logik, die Erkenntnis- und Wissenschaftstheorie, die Naturphilosophie und die Künstliche Intelligenz. Seine Bücher nach der *Evolutionären Erkenntnistheorie* drehen sich wie sein Erstlingswerk um die Fragen *Was können wir wissen?* (zwei Bände 1985–86) und *Wieso können wir die Welt erkennen?*

(2003). Beim Schreiben und Denken hat sich dabei in Vollmer eine philosophische Position gefestigt, der man den Namen evolutionärer Naturalismus geben könnte und die den Gedanken einschließt, daß der freie Wille des Menschen eine Illusion ist. Dies trägt Vollmer erstaunlich gelassen und so fröhlich vor, daß man ständig geneigt ist, ihm auf den Leim zu gehen und sich seiner Ansicht anzuschließen – und zwar ganz freiwillig.

ZUM TEXT Eine *Evolutionäre Erkenntnistheorie* ist der Versuch, die Frage, was Menschen wissen können, durch Einbeziehung der Einsicht zu beantworten, daß es uns nicht verliehen worden ist, sondern daß wir unsere Qualitäten und Fähigkeiten im Laufe der Evolution erworben haben. In Vollmers vorsichtig abwägenden Worten: »Unser Erkenntnisapparat ist ein Ergebnis der (biologischen) Evolution. Die subjektiven Erkenntnisstrukturen passen auf die Welt, weil sie sich im Laufe der Evolution in Anpassung an diese reale Welt herausgebildet haben. Und sie stimmen mit den realen Strukturen (teilweise) überein, weil nur eine solche Übereinstimmung das Überleben ermöglichte.«
Um die Evolution des Erkennens geeignet ablaufen lassen zu können, hat Vollmer die Idee der Nische, die eine Tier- oder Pflanzenart in der Natur als ihren Lebens- und Anpassungsraum finden kann, in den Bereich des Erkennens übertragen und dafür den Ausdruck Mesokosmos vorgeschlagen, der somit zwischen dem Mikro- und dem Makrokosmos liegt:
Zeitlich reicht der Mesokosmos etwa von der Dauer eines Herzschlags bis zu der Länge eines Lebens, also vom Bruchteil einer Sekunde bis zu einhundert Jahren. Alles, was kürzer dauert – wie zum Beispiel der Takt eines Elektrons in

einem Atom – oder was länger währt – etwa die Stammesgeschichte des Menschen – kann der evolutionär gebildete Verstand ohne die Hilfestellung durch die Wissenschaft und ihre Methode nicht fassen. Was Geschwindigkeiten angeht, so reicht der Mesokosmos etwa vom Schreiten eines Fußgängers bis zum Sprint eines Sportlers, also bis rund 40 km pro Stunde. Alles was viel schneller ist – wie die Rennwagen der Formel I – oder was wesentlich langsamer abläuft – wie das Kriechen einer Schnecke oder das Wachsen unserer Haare –, können wir nur nach rationaler und systematischer Erkundung in den Griff bekommen, denn die Evolution hat an dieser Stelle nichts für uns tun können. Damit ist klar, die evolutionäre Erkenntnislehre beantwortet nicht die Fragen, wie wissenschaftliche Erkenntnis gelingt und wie sie möglich wird. Sie klärt nur, was wir ohne sie – vor ihr – wissen können.

Den Gedanken eines evolutionär zu verstehenden Erkennens haben wir schon bei Konrad Lorenz kennengelernt, der ihn als Biologe entwickelt hat. In seiner berühmten Arbeit über Kant, in der Lorenz im Jahre 1941 zu verstehen versucht, wie sich die Formen (Kategorien) des Denkens entwickeln konnten, die wir vor jeder sinnlich vermittelten Erfahrung haben – die Philosophie nennt sie a priori –, weist er auf die Möglichkeiten der Evolution hin. Was unsere Vorfahren durch ihre Erfahrung gelernt haben und was die evolutionäre Selektion bewahrt hat, wird uns heute »von vorneherein« mit auf den Weg gegeben, wie man »a priori« übersetzen könnte. Die Denkkategorien stimmen mit den Realkategorien (wenigstens in einigen Punkten) überein »aus denselben Gründen, aus denen die Form des Pferdehufes auf den Steppenboden und die Fischflosse ins Wasser paßt«. Lorenz verwandelt das von Kant eingeführte Apriori für einen einzelnen Menschen in ein Aposteriori der Art, zu der wir gehören. Und er erklärt damit das Rätsel, warum die

Weise, wie wir uns die Dinge denken, mit der Weise übereinstimmt, wie die Dinge sind:

»Zwischen der Denk- und Anschauungsform und dem an sich Realen [besteht] genau dieselbe Beziehung, die zwischen Organ und Außenwelt, zwischen Auge und Sonne, zwischen Pferdehuf und Steppenboden, zwischen Fischflosse und Wasser auch sonst besteht..., jenes Verhältnis, das zwischen dem Bild und dem abgebildeten Gegenstand, zwischen vereinfachendem Modellgedanken und wirklichem Tatbestand besteht, das Verhältnis einer mehr oder weniger weit gehenden Analogie.«

Lange Zeit galt Lorenz als der erste und originelle Begründer einer evolutionär orientierten Erkenntnislehre, doch als sich der Gedanke ausbreitete und Akzeptanz fand, fiel den Experten auf, daß er schon zu Beginn des 20. Jahrhunderts formuliert worden war, diesmal nicht durch einen Biologen, sondern durch einen Physiker, und zwar durch Ludwig Boltzmann, der nicht nur für seine Beiträge zur Statistischen Physik berühmt ist, sondern auch (und bald vor allem) durch seine »Populären Schriften«, die 1905 erscheinen und in denen er mutige und freche Gedanken zur Forschung formuliert. In einem der Texte betrachtet Boltzmann das Gehirn »als den Apparat, das Organ zur Herstellung der Weltbilder, welches sich wegen der großen Nützlichkeit dieser Weltbilder für die Erhaltung der Art entsprechend der Darwinschen Theorie beim Menschen geradeso zur besonderen Vollkommenheit herausbildete, wie bei der Giraffe der Hals, beim Storch der Schnabel zu ungewöhnlicher Länge«. Und er fährt fort:

»Nach meiner Überzeugung sind die Denkgesetze dadurch entstanden, daß sich die Verknüpfung der inneren Ideen, die wir von den Gegenständen entwerfen, immer mehr der Verknüpfung der Gegenstände anpaßte. Alle Verknüpfungsregeln, welche auf Widersprüche mit der Erfahrung führten, wurden verworfen und dagegen die allzeit auf Richtiges führenden mit solcher Energie festgehalten und dieses Festhalten vererbte sich so konsequent auf die Nachkommen, daß wir in solchen Regeln schließlich Axiome oder Denkgewohnheiten sahen.«

»Man kann diese Denkgesetze aprioristisch nennen, weil sie durch die vieltausendjährige Erfahrung der Gattung dem Individuum angeboren ist.«

Wenn man sich diese Zitate anschaut und den Zeitpunkt im Auge behält, zu dem sie formuliert worden sind, kann man sich fragen, was es 1975 noch zu dem Thema zu sagen gab, als Vollmers *Evolutionäre Erkenntnistheorie* in erster Auflage erschien. Tatsächlich lagen in diesem Jahr bereits so viele Texte zu dem Thema vor, daß man versucht war, an den Komiker Karl Valentin zu denken, der in einer seiner Szenen eine Rede, die ein Funktionär halten muß, mit den Worten beginnen läßt, zwar sei schon alles gesagt, aber noch nicht von allen. Nun kann man sich auch eine Situation vorstellen, in der zwar schon alles gesagt worden ist, in der dies aber noch nicht alle verstanden haben. Und vielleicht trifft dies für das Buch von Gerhard Vollmer zu. Er hat darin ja so gut wie alles über die Evolution des Erkennens gesagt, nur ist es noch nicht von allen gelesen und aufgenommen worden, die daran interessiert sind oder sein könnten. Es wäre schön, wenn sich dieser Punkt eines Tages wenigstens annäherungsweise erreichen ließe, denn in Vollmers *Evolutionäre Erkenntnistheorie* stecken sehr viele Einsichten und Hinweise, die im menschlichen Maßstab zeitlos und unverändert gültig bleiben, auch wenn sie in ihrer Argumentation aus sich selbst heraus begründen, wie das Gegenteil passieren konnte, wie nämlich etwas durch Anpassung passend geworden ist, also durch Umbildung und Erneuerung.

Vollmers aufregender Text zeichnet sich durch eine völlig

unaufgeregte Sprache aus. In aller Ruhe und immer mit der einladenden Geste zur sinnvollen und systematischen Übersicht stellt er die Antworten vor, die von Philosophen und Wissenschaftlern auf die grundlegende Frage gegeben worden sind: »Wie kommt es, daß Real- und Erkenntnistheorien aufeinander passen?« Zuerst lernt der Leser, warum und wie diese Hauptfrage abgewandelt werden muß, um sinnvoll erörtert zu werden, nämlich so: »Wie kommt es, daß Erkenntnisstrukturen und reale Strukturen (teilweise) übereinstimmen?« Nach sorgfältiger Abwägung und ausführlicher Erörterung vieler anderer Vorschläge kommt Vollmer zu der eingangs zitierten Antwort, und es macht von Auflage zu Auflage seines Buches mehr Vergnügen, Vollmer bei seinem intellektuellen Spaziergang zu folgen und sich von ihm an die Hand nehmen zu lassen.

Für das Verständnis seines Bucherfolgs ist der Hinweis vielleicht nicht unerheblich, daß Vollmer aus einer anderen Richtung als viele andere Verfechter des evolutionären Denkens gekommen ist und von Anfang an seinen eigenen Weg zu den angesprochenen philosophischen Problemen benutzt hat, nämlich den, der von den Erkenntnissen der erfolgreichsten Wissenschaft, der Physik, herkommt. Wenn man so will, kann man sagen, daß Vollmer von oben auf das Erkennen geblickt hat, das uns im evolutionären Rahmen möglich geworden ist, wobei »von oben« her »von der Ebene der theoretischen Physik« heißt und die besondere Höhe der Einsicht meint, die ihren Vertretern gelungen ist. Die Wunderwerke der beiden Relativitätstheorien und der Quantenmechanik haben die Fragen aufkommen lassen, wie die Voraussetzungen aussehen und entstanden sein könnten, von denen aus der Aufstieg in solche Sphären möglich geworden ist. Und wenn man annimmt, daß diese Voraussetzungen allen Menschen gegeben sein müssen und zur Verfügung stehen, sollte es nicht lange dauern, bis der evolutionäre Blickwinkel probiert und sich als hilfreich erweisen wird. Vermutlich hat Vollmer deshalb zunächst gedacht, die hier versammelten Gedanken seien schon irgendwo anders notiert, als er sie zum ersten Mal gedacht hat, und er war sicher froh, als er nur Biologen wie Lorenz bei der Arbeit in der philosophischen Goldmine entdecken konnte, die sich ihm aufgetan hatte, auch wenn es ein Physiker (Boltzmann) war, der als einer der ersten mit seinem Finger in ihre Richtung gewiesen hat.

Eine Besonderheit des Buches ist die Ausarbeitung der Tatsache, daß es die evolutionäre Erkenntnislehre ist, die etwas leistet, was in der Geschichte des menschlichen Denkens als Kopernikanische Wende bekannt geworden ist. Damit ist ein Schritt gemeint, der dem Menschen eine neue Stellung in der Welt gibt. In der Philosophie ist häufig in Hinblick auf Kant von einer Kopernikanischen Wende die Rede. Er meint damit einen Standortwechsel, nach dessen Vollzug sich die Erkenntnisse nicht mehr nach den Gegenständen, sondern umgekehrt sich die Gegenstände nach unserem Erkenntnisvermögen richten. Kant folgte dabei dem Vorbild des Kopernikus, der zuerst merkte, daß »es mit den Erklärungen der Himmelsbewegungen nicht gut fort wollte, wenn er annahm, das ganze Sternenheer drehe sich um den Zuschauer«, und dann versuchte – wie es in der *Kritik der reinen Vernunft* heißt –, »ob es nicht besser gelingen möchte, wenn er den Zuschauer sich drehen und dagegen die Sterne in Ruhe ließ«. Damit wird kein Mensch aus der Mitte der Welt vertrieben, sondern – im Gegenteil – dort wieder hingestellt. Genau diesen Schritt vollzieht die *Evolutionäre Erkenntnistheorie* gerade nicht, die uns weniger als zentralen Gesetzgeber der Welt und mehr als randständigen Beobachter des kosmischen Geschehens sieht. Und Vollmer konstatiert kühn und korrekt zugleich:

»Was das heliozentrische System für die Physik leistet,

die Abstammungslehre für die Biologie und die vergleichende Verhaltensforschung für die Psychologie, das leistet die evolutionäre Erkenntnislehre für die Philosophie.«

**** 𝄢 𝄢 𝄢 𝄢 𝄢   ⬳⬳⬳⬳

ÜBRIGENS Mit *Evolutionäre Erkenntnistheorie* haben wir den Bereich der Naturwissenschaften verlassen und sind in der Philosophie gelandet. Das gibt die Gelegenheit, auf einen Autor hinzuweisen, der zwar fest zu der zuletzt genannten Disziplin gehört, aber oft von Naturwissenschaftlern gelesen und gerne von ihnen vereinnahmt wird. Gemeint ist Sir Karl Popper (1902–1994), dessen 1935 in erster Fassung erschienenes Hauptwerk *Die Logik der Forschung* beschreibt, die vor allem darauf beruht, daß Wissenschaft mit Hypothesen zu tun hat, die sich in Experimenten testen lassen und sich als falsch herausstellen können. Solch eine Falsifizierung bringt einen Fortschritt in der wissenschaftlichen Erkenntnis mit sich, denn jetzt weiß man mehr als vorher. Man weiß nun, daß die alte Annahme falsch war, und kann eine neue Hypothese wagen.

Neben seinem philosophischen Hauptwerk hat Popper eine Vielzahl von eher populären Texten geschrieben, die sich alle durch eine ungeheuer klare Sprache auszeichnen, deren Verwendung für Popper einem Bekenntnis gleichkommt. Am liebsten würde ich *Auf der Suche nach einer besseren Welt* empfehlen, weil Popper hierin ein Plädoyer wider die großen Worte hält, die er bei seinen Kollegen Ernst Bloch und Jürgen Habermas findet. Popper hält ihre so groß tönenden Worte für derart unverständlich, daß er sie in klares Deutsch übersetzt (und dabei zeigt, wie hohl und leer sie dann klingen). Doch da es hier nur um ein Buch von Popper gehen kann, greife ich zu dem in seinem Todesjahr zum ersten Mal erschienenen Band *Alles Leben ist Problemlösen* (Piper Verlag). Ausschlaggebend für diese Wahl sind zwei Beiträge, von denen einer »Die erkenntnistheoretische Position der evolutionären Erkenntnistheorie« darstellt. In dem kurzen Beitrag, der aus dem Jahre 1986 stammt, versucht Popper zwischen den Philosophen (vor allem Kant) und den Biologen (vor allem Lorenz) zu vermitteln, und er stellt eine wunderbare Behauptung auf, die er sogar kursiv setzen läßt:

»*Ich behaupte nämlich, daß alles, was wir wissen, genetisch a priori ist.*« Und er fügt hinzu: »A posteriori ist nur die *Auslese* von dem, was wir a priori selbst erfunden haben.«

Wie Popper dieses *genetisch a priori* erläutert und verteidigt, lohnt allein und auf jeden Fall die Lektüre von *Alles Leben ist Problemlösen*, das mit einer Ermahnung an die Forscher endet. Popper spricht »Von der Notwendigkeit des Friedens« in einer Zeit, in der die Wissenschaft über mächtige Mittel auch der Zerstörung verfügt. Doch wie schwierig und unübersichtlich die Lage auch ist, eines bleibt für ihn fest bestehen, nämlich die Pflicht des Forschers zum Optimismus: »So ist es unser aller Pflicht, statt etwas Schlimmes vorauszusagen, uns einzusetzen für jene Dinge, die die Zukunft besser machen können.«

Man wünschte, daß sämtliche Mitglieder sämtlicher Ethikkommissionen diesen Satz lesen, kennen und beherzigen würden.

***** 𝒃 𝒃 𝒃 𝒃 𝒃 ⬿⬿⬿⬿

140

14

Thomas S. Kuhn

*Die Struktur wissenschaft-
licher Revolutionen*

Ludwik Fleck

*Die Entstehung und Entwicklung
einer wissenschaftlichen Tatsache*

Die amerikanische Originalausgabe ist 1962 unter dem Titel *The Structure of Scientific Revolutions* in der University of Chicago Press (Chicago) erschienen. Die deutsche Übersetzung hat 1967 der Suhrkamp Verlag (Frankfurt) vorgelegt, wobei heute die vom Autor revidierte und 1969 um ein Postskriptum erweiterte Ausgabe in den Buchhandlungen verfügbar ist.

Thomas S. Kuhn wurde am 18.7.1922 in Cincinnati (Ohio) geboren und ist am 17.6.1996 im amerikanischen Cambridge (Massachusetts) gestorben. Während der 1940er Jahre studierte Kuhn zwar Theoretische Physik an der Universität von Harvard, zeigte aber immer mehr Interesse an der historischen Entwicklung ihrer abstrakten Gedankenwelt. Sein erstes Buch (1957) behandelt *Die kopernikanische Revolution,* und er zeigt in ihm, wie eine wissenschaftliche Einsicht zu einem neuen Weltbild führt. Beim Erscheinen des Werkes arbeitete Kuhn noch als Assistenzprofessor in Harvard. Von 1958 an lehrte er als Professor für Wissenschaftsphilosophie und Wissenschaftsgeschichte an bekannten und bedeutenden amerikanischen Hochschulen wie Princeton und Berkeley. Seit 1979 war er Professor am Massachusetts Institute of Technology (MIT) in Cambridge bei Boston, und hier schrieb er seine letzten Bücher, bevor er 1996 an einem Krebsleiden starb. Neben dem weiter unten vorgestellten Hauptwerk ist vor allem die umfangreiche Fallstudie zu nennen, in der sich Kuhn mit der Entstehung der Quantentheorie beschäftigt, genauer mit der Schwierigkeit, die mit der Entdeckung einer Unstetigkeit in der Natur verbunden war. Das Buch heißt im Original *Black-Body Theory and the Quantum Discontinuity* und analysiert im Detail die Verschiebung der Sichtweise (Perspektive), die zu einem neuen Zugang zur

Wirklichkeit gehört und von den Studenten der Wissenschaft verstanden werden muß. Kuhns wesentliche Leistung besteht darin, erkannt und gezeigt zu haben, daß es nicht wissenschaftsinterne Faktoren allein sind, die den Gang der Wissenschaftsgeschichte beeinflussen. Vielmehr sind die Antworten auf die Fragen, wie Wissenschaft funktioniert und was seriöse Wissenschaft ist, von zahlreichen äußeren Parametern abhängig, die sich historisch ändern und sehr persönlich werden können.

ZUM TEXT Das Buch behandelt die seit langem gestellte und noch lange nicht beantwortete Frage, wie Wissenschaft funktioniert. Wie gelingt es der wissenschaftlichen Forschung, die Welt immer genauer und besser zu verstehen, wie man nicht nur oberflächlich meint, sondern wie man an einer funktionierenden Technik deutlich sehen kann? Die Frage, auf welchen Wegen Wissenschaft überhaupt gehen und vorankommen kann, beschäftigt die Forscher, seit sie merken, daß sie konkrete und praktisch verwertbare Erfolge verzeichnen können, also seit rund 400 Jahren. Damals zu Beginn des 17. Jahrhunderts brachte Francis Bacon die Idee auf, die Lebensbedingungen des Menschen seien durch die systematische Verwendung des Verstandes zu verbessern. Allgemein wurde angenommen, daß es erstens Naturgesetze gibt, daß man sie zweitens finden und drittens nutzen kann. Ein offensichtliches Problem, das sich dabei stellt, hat damit zu tun, daß ein Forscher zwar nur einen einzelnen Vorgang beobachten kann – ein Apfel bzw. ein Stein fällt zur Erde oder heißes Wasser kühlt sich ab (während eine kalte Flüssigkeit nicht spontan wärmer wird) –, daß er aber eine allgemeine Aussage treffen will: Alle schweren Gegenstände fallen zur Erde und Wärme fließt immer von höheren zu tieferen Temperaturen (und nicht umgekehrt). Technisch spricht man dabei von der induktiven Logik – man schließt von mindestens einer Sache auf möglichst alle –, und ihre genaue Fassung für das Vorgehen der Wissenschaft hat Karl Popper in seiner bereits erwähnten *Logik der Forschung* durch das Prinzip der Falsifizierung auf den Punkt gebracht. Seitdem glaubte man, daß Wissenschaft mit experimentell nachprüfbaren Hypothesen beginnt, die nach ihrer Falsifizierung im Versuch abgelöst und durch hoffentlich bessere Hypothesen ersetzt werden.

Mit diesem Standpunkt schien man lange zufrieden zu sein, bis Thomas Kuhn auftauchte und darauf hinwies, daß das Poppersche Schema bestenfalls Anwendung auf den Bereich findet, den er »normale Wissenschaft« nannte. Damit ist die Art des Forschens gemeint, »mit der die meisten Wissenschaftler zwangsläufig ihr ganzes Leben verbringen«, zum Beispiel dann, wenn sie sich um Diplom- oder Doktorarbeiten bemühen und dabei einige anstehende Rätsel lösen. Wer in einem normalen Laboratorium einer normalen Forschungseinrichtung einem normalen Arbeitsalltag nachgeht, wird sicher wichtige Details und präzise Daten für die Wissenschaft ermitteln, und beide sind für das gesamte Unternehmen, das damit gemeint ist, zweifellos wichtig. Aber wenn wir an die großen Errungenschaften von Wissenschaft denken, »die mit den Namen Kopernikus, Newton, Lavoisier und Einstein verbunden sind«, dann denken wir an etwas anderes als das normale Forschen. Denn »jeder von ihnen forderte von der Gemeinschaft, eine altehrwürdige wissenschaftliche Theorie zugunsten einer anderen, nicht mit ihr zu vereinbarenden, zurückzuweisen.«

Kopernikus gab der Erde einen neuen Ort und eine neue Bewegung, Newton gab dem Kosmos eine neue Ordnung, Lavoisier erklärte anders als seine Vorgänger, wie Feuer zustande kommt und welche Rolle der Sauerstoff bei der Verbrennung spielt, und Einstein hat ein neues Verständnis für das Zusammenhängen von Raum, Zeit, Materie und Energie ermöglicht. Durch ihre Einsichten wurden der Wissenschaft nicht nur neue Details hinzugefügt, vielmehr wurde ihr ein ganz neuer Denkrahmen geliefert, in dem sie sich fortan orientiert. Kuhn führte für diesen Rahmen den Begriff des Paradigmas ein, und er landete damit einen Volltreffer. Seit dieser Zeit versteht man erstens, daß Wissenschaft mit einem von allen Beteiligten akzeptierten und nie in Frage gestellten Grundverständnis operiert – dem Paradigma –, in dessen Rahmen die gemachten Beobachtungen gedeutet werden. Und man versteht zweitens, daß es ab und zu einigen Genies gelingt, aus dem alten Denkschema auszubrechen (also das Brett, das sie vor dem Kopf haben, durch ein anderes zu ersetzen). Ihre Wissenschaft verläßt den normalen Pfad der Forschung, um eine revolutionäre Wende durchzuführen. Im Rahmen einer wissenschaftlichen Revolution kommt es zu einem Paradigmenwechsel, und in dieser Kombination ist das Wort sehr populär geworden. Denn wenn im politischen oder kulturellen Bereich von den Menschen ein Umdenken gefordert wird, beschwört man gerne einen Paradigmenwechsel, und fast scheint es, daß die Lust darauf in der Gemeinde der Forscher im Laufe der Jahre zugenommen hat, denn wer möchte in diesen Kreisen als »normal« gelten?

Kuhn versucht in seinem Buch, die *Struktur wissenschaftlicher Revolutionen* möglichst im auslösenden Detail zu beschreiben, und er führt dazu den Begriff der Krise ein, die dadurch charakterisiert ist, daß die normale Wissenschaft Daten liefert, von denen einige nicht mit den alten Denkgewohnheiten zusammenpassen. Die Krise wird dann – in seiner Sicht – durch einen revolutionären Denkschritt gelöst, der ein völlig neues Licht auf alte Tatsachen wirft und von den Urhebern selbst als eine Art Offenbarung oder Erleuchtung empfunden wird. Tatsächlich gibt es zahlreiche Dokumente von großen Durchbruchserlebnissen, bei denen die Forscher davon sprechen, daß es ihnen wie Schuppen von den Augen fällt oder daß sie plötzlich Klarheit bekommen und sich nach längerem Unbehagen ein merkwürdiges Gefühl der inneren Ruhe und Zufriedenheit einstellt.

Leider untersucht Kuhn die Herkunft der revolutionären Lösungen nicht weiter, die sich natürlich nicht im Licht des forschenden Bewußtseins zeigen, sondern auf der Nachtseite der Wissenschaft zu finden sein müssen. Diese Aufgabe würde ein Eingehen auf die Psychologie des Forschers erfordern, der immer auch ein Mensch ist, und dies hat Kuhn den ihm nachfolgenden Historikern überlassen (ohne daß bislang dabei allzuviel passiert ist). Was Kuhn aber getan hat, um seine Idee einer wissenschaftlichen Revolution anschaulich zu machen, lohnt einen eigenen Blick. Er hat nämlich einen Ausflug in der Welt der Wahrnehmung unternommen und vorgeschlagen, »Revolutionen als Wandlungen des Weltbildes« zu verstehen. Da es nach einem Paradigmenwechsel fast so ist, »als wäre die Fachgemeinschaft plötzlich auf einen anderen Planeten versetzt worden, wo vertraute Gegenstände in einem neuen Licht erscheinen und andere sich hinzugesellen«, lassen sich »die bekannten Darstellungen eines visuellen Gestaltwandels« als Modelle für eine »solche Veränderung der Welt des Wissenschaftlers« heranziehen:

»Was in der Welt des Wissenschaftlers vor der Revolution Enten waren, sind nachher Kaninchen. Ein Mensch, der zuerst die Außenseite eines Kastens von oben sah, sieht später die Innenseite von unten.«

Kuhn betont, daß solche visuellen Gestaltwandel jedem vertraut sind, der in die Welt der Wissenschaft eindringt, wenn er sich nur klar macht, daß er oder sie dabei etwas lernt, was man schon zu können meint, Sehen nämlich: »Bei einem Blick auf eine Höhenlinienkarte sieht der Stu-

146

dierende Linien auf einem Bogen Papier, der Kartograph dagegen sieht das Bild eines Geländeabschnitts. Beim Blick auf ein Blasenkammerphoto sieht der Studierende verworrene und unterbrochene Linien, der Physiker aber sieht die Aufzeichnung eines bekannten subnuklearen Vorgangs. Erst nach einer Anzahl solcher Umwandlungen des Sehbildes wird der Studierende ein Bewohner der Welt des Wissenschaftlers, der sieht, was der Wissenschaftler sieht, und reagiert, wie es der Wissenschaftler tut.«

Kuhn stellt diese Sicht der Wissenschaft an vielen Beispielen vor – etwa bei dem Chemiker Lavoisier, der beim Verbrennen als erster »gesehen« hat, daß dabei ein Gas namens Sauerstoff eine Rolle spielt –, ohne in den Fehler zu verfallen, die Behauptung aufzustellen, der Wissenschaft sei nach einer Revolution der Zugriff zur Wahrheit gelungen. Kuhn bleibt bescheiden wie Popper, der uns nur hypothetische Kenntnisse einräumte. Bei Kuhn kommt die Wissenschaft zwar anders als logisch voran, aber ihr Ziel ist vor allem der Konsens unter den Forschern, und wahrscheinlich kann man sein berühmtes Paradigma am besten dadurch beschreiben. Es schafft ein Einvernehmen unter den Wissenschaftlern, die nun alle zufrieden sein und mit dem Lösen neuer Rätsel beginnen können. Sie gehen dabei in aller Gelassenheit vor, obwohl sie mit ihrem stillen Tun die Welt letztlich stärker verändern können als jeder militärische oder politische Führer.

**** 🐌 🐌 🐌 🐌 ✏️✏️✏️✏️

ÜBRIGENS Lange bevor das Paradigma berühmt wurde, gab es einen sprachlich besseren Vorschlag für das Konzept einer gemeinsamen Basis, von der aus wissenschaftlich argumentiert wird. Gemeint ist der »Denkstil«, der von einem »Denkkollektiv« gepflegt wird, wie es etwa von der Wissenschaftsgemeinde repräsentiert wird. *Die Lehre vom Denkstil und Denkkollektiv* findet sich in dem Buch *Entstehung und Entwicklung einer wissenschaftlichen Tatsache,* das der aus Polen stammende Mediziner Ludwik Fleck (1896–1961) bereits 1935 vorgelegt hat (bei Benno Schwabe und Co.) – leider nahezu unter Ausschluß der Öffentlichkeit. Erst die 1980 als Suhrkamp Taschenbuch erschienene Ausgabe hat wenigstens etwas Beachtung bekommen, die sicher noch gesteigert werden kann. Das Spannende an dem Buch ist zum einen die Tatsache (schon wieder eine), daß Fleck sich dort Gedanken macht, wo alles klar zu sein scheint, nämlich bei dem Verständnis von Infektionskrankheiten. Kann es etwas Klareres geben, als deren tatsächliche Existenz? Es kann, lautet die Antwort, und es lohnt sich, bei Fleck nachzulesen, wie er Schritt für Schritt zeigt, wie Entdeckungen – auch in der Medizin – zustande kommen: »Aus falschen Voraussetzungen und unreproduzierbaren ersten Versuchen ist nach vielen Irrungen und Umwegen eine wichtige Entdeckung entstanden«. »Die Tatsachen« entstehen dabei so: »Zuerst ein Widerstandsaviso im chaotischen anfänglichen Denken, dann ein bestimmter Denkzwang, schließlich eine unmittelbar wahrzunehmende Gestalt«, womit am Ende dieselbe allgemeine Figur wie bei Kuhn steht.

Das Spannende an der *Entstehung und Entwicklung einer wissenschaftlichen Tatsache* ist zum zweiten die Art, mit der Fleck sich zusätzlich Gedanken über die Frage macht, wie das vom wissenschaftlichen Denkkollektiv erworbene Verständnis popularisiert werden kann. Zunächst weist er auf einen wichtigen Aspekt hin, den viele, die heute für die Vermittlung von Wissenschaft verantwortlich sind, bislang übersehen haben oder nicht begreifen zu scheinen:

»Populäre Wissenschaft ist ein besonderes, verwickeltes

Gebilde. Da spekulative Erkenntnistheorie nie wirkliche Erkenntnis untersuchte, sondern deren Phantasiebild, steht die Untersuchung populärer Wissenschaft – wenigstens meines Wissens – noch aus.«

Dieser Mangel ist keineswegs behoben. Vielleicht ändert sich die Lage, wenn man sich im Zeitalter einer von den Forschungsinstitutionen gewünschten und von der Bundesregierung finanzierten Bewegung namens »Public understanding of Science« entschließt, etwas Entscheidendes von Fleck zu lernen:

»Gewißheit, Einfachheit, Anschaulichkeit entstehen erst im populären Wissen; den Glauben an sie als Ideal des Wissens holt sich der Fachmann von dort. Darin liegt die allgemeine erkenntnistheoretische Bedeutung populärer Wissenschaft.« Von ihr ist noch Gebrauch zu machen.

**** 𝒐𝒐 𝒐𝒐 𝒐𝒐 ▱▱▱

15

Norbert Bischof
Das Rätsel Ödipus

Norbert Wiener
Mensch und Menschmaschine

ZUM BUCH *Das Rätsel Ödipus* ist 1985 im Piper Verlag erschienen und inzwischen als Taschenbuchausgabe erhältlich. Das Werk fällt durch zahlreiche kleine Abbildungen auf, die unschwer als Handzeichnungen zu erkennen sind und von Anette Bischof, einer der Töchter des Autors, stammen.

ZUM AUTOR Norbert Bischof ist 1930 in Breslau geboren worden. Er ist früh nach München gekommen, um hier Psychologie, Philosophie und Zoologie zu studieren. Sein Interesse wurde bald durch die neue Verhaltensforschung geweckt, die unter der Führung von Erich von Holst und Konrad Lorenz aufgebaut wurde, und zwar an dem Max-Planck-Institut für diese Forschungsrichtung, das inzwischen im bayerischen Seewiesen angesiedelt war. Bischof forschte in diesem Umfeld bis in die frühen 1970er Jahre, bevor er – auf Einladung von Max Delbrück – für zwei Jahre Gastprofessor am California Institute of Technology in Pasadena wurde. 1975 erhielt Bischof einen Ruf an die Universität Zürich, der er als Professor für Allgemeine Psychologie diente. Hier gehörte es auch zu seinen Aufgaben, Direktor der Biomathematischen Abteilung am Psychologischen Institut der Universität zu sein.

In Zürich hat Bischof begonnen, Bücher zu schreiben, wobei er nach dem ersten, dem *Rätsel Ödipus,* noch ein Psychogramm von Konrad Lorenz unter dem Titel *Gescheiter als alle die Laffen,* eine Einführung in die Systemtheorie unter dem Titel *Struktur und Bedeutung* und ein Buch vorgelegt hat, das die Frage ernst nimmt, wo bei all den wissenschaftlichen Analysen des Menschen und seines Verhaltens seine Seele bleibt. Bischof findet in Märchen und Mythen »Signale aus der Zeit, in der wir die Welt erschaffen haben«, und er hat seine dazugehörigen Einsichten als *Das*

Kraftfeld der Mythen vorgestellt. Dieses Buch wurde »für Doris« geschrieben, wie man in seiner Widmung lesen kann. Damit ist Doris Bischof-Köhler gemeint, die Ehefrau des Autors, die als Mutter dreier Töchter noch promoviert hat und inzwischen selbst Buchautorin geworden ist und über die Psychologie der Geschlechtsunterschiede geschrieben hat (*Von Natur aus anders*).

ZUM TEXT   *Das Rätsel Ödipus* ist ein dickes Buch von mehr als 600 Seiten, in dem es um *die biologischen Wurzeln des Urkonflikts von Intimität und Autonomie* geht, wie der Untertitel ankündigt. Doch was beim ersten Prüfen vielleicht schwer klingt und anstrengend wirkt, erweist sich beim Lesen als leicht und elegant. Bischof ist ein wunderbarer Stilist, der zwar ausführlich, aber nie ausufernd von seinem Stoff – den Menschen und ihrem Verhalten – erzählt und dabei höchst anschaulich und oft anekdotenhaft berichtet, wie Forschung tatsächlich stattfindet und was dabei im Detail passieren kann, zum Beispiel mit Fridolin und Adelheid. So hießen zwei Wildgänse, die der Nachwuchswissenschaftler Bischof durch den Lernprozeß, der seit Lorenz als »Prägung« bezeichnet wird, an sich binden konnte. Er vertrat bei ihnen seit ihrem Schlüpfen die Elternstelle, und die jungen Gänse (Gössel) folgten ihm überall hin – bis sie sich eines Tages einfach davon machten. Während sie vorher auf die Sicherheit bedacht waren, die in der Intimität einer Familie zu finden ist, riskierten sie nun zunehmend den Kontakt mit fremden Tieren, was man auch durch die Feststellung ausdrücken kann, daß sie sich auf die Suche nach Geschlechtspartnern machten.

Bislang ist wenig Aufregendes passiert, und auf ein Thema für das Denken und die Wissenschaft stößt erst, wer auf die Frage verfällt, warum die Tiere ihre Geschlechtspartner nicht innerhalb der vertrauten Familie suchen. Dann brauchten sie den Ausflug in die feindliche Welt mit all ihren Gefahren gar nicht erst anzutreten. Und wer sich danach erkundigt, braucht nicht lange, bis ihm das schreckliche Wort der Blutschande über den Weg läuft, wie Luther es in die deutsche Sprache eingeführt hat: »Wenn jemand seine Schwester nimmt und ihre Blöße schaut und sie wieder seine Blöße, das ist eine Blutschande. Die sollen ausgerottet werden vor den Leuten ihres Volks.«

Wissenschaftlich-sachlich ist vom Inzest die Rede, wenn der Bruder mit der Schwester oder die Mutter mit dem Sohn, was zum Namen Ödipus im Titel des Buches führt. Es handelt dann auch »vom Inzesttabu und seinen Wurzeln«, wie uns der Autor im ersten Satz sagt, um im gleichen Atemzug hinzuzufügen, daß dies nur »vordergründig betrachtet« so ist. Die verbotene Intimität mit Menschen, die uns seit der ersten Lebensphase vertraut sind, reicht nämlich so »tief in die Dynamik der sozialen Motivation hinab«, daß derjenige, der darüber nachforschen möchte, warum der Inzest in allen Kulturen mit einem Tabu belegt ist, sich erst mit einer genauen Analyse von zwischenmenschlichen Beziehungsgefügen befassen muß, um zuletzt die spannenden Beziehungen ins Auge zu fassen, die sowohl zwischen Biologie und Gesellschaft als auch zwischen Natur und Kultur bestehen.

Damit sind viele der Themen genannt, die Bischof in seinem Buch behandelt und klärt. Es geht um menschliche Motive, es geht um unser Verhalten, und es geht um die Frage, wie weit die Natur der Menschen reicht und wo seine Kultur beginnt. Merkwürdigerweise hat sich der französische Ethologe Claude Lévi-Strauss das Inzestverbot als Stelle des Übergangs ausgewählt. Für ihn stellt das Tabu »den fundamentalen Schritt dar, dank dessen, durch den, aber vor allem in dem der Übergang von der Natur zur Kultur vollzogen wurde. Das Inzestverbot ist der Prozeß, mit dem die Natur sich selber überwindet«, wie Lévi-Strauss von Bischof zitiert wird, aber nicht, um den so groß klingenden Worten zuzustimmen, sondern um nachzuweisen, daß sie ihren Gegenstand weniger erhellen und mehr vergewaltigen. Bischof entlarvt gnadenlos, wieviel Unsinn über das Inzesttabu geschrieben worden ist, zum Beispiel auch von dem phantasievollen Erfinder des tatsächlich gar nicht existierenden Ödipus-Komplexes, Sigmund Freud. Der Vater der Psychoanalyse meinte einmal, die Erfahrungen der von ihm begründeten und nicht immer ganz wissenschaftlichen Disziplin machten »die Annahme einer angeborenen Abneigung gegen den Inzestverkehr vollends unmöglich«.

Das Problem von solchen starken Behauptungen steckt oft darin, daß sie scharfe Gegensätze erfinden, wo glatte Übergänge bestehen. Die klassische Fragestellung »Natur oder Kultur?« meinte ja »entweder Natur oder Kultur«, und ein Drittes kam nicht in den Blick. Genau damit versperrte man sich den Blick auf die Lösung, wie Bischof zeigt, der glänzend und unterhaltsam demonstriert, wie das Inzesttabu zur Kultur geworden ist – aber durch und mit Hilfe der Natur. Er belegt zum einen, daß sexuelle Begegnungen oder auch nur Zärtlichkeiten gegengeschlechtlicher Familienmitglieder in nahezu allen bekannten Gesellschaften verboten waren und bleiben. Und er schildert zum zweiten, wie die Inzestscheu entsteht und durch die Biologie erklärt werden kann. Der Grundgedanke geht auf den hierzulande wenig bekannten finnischen Philosophen Edward Westermark zurück, der hier einen Instinkt am Werk sah, »der unter normalen Umständen die Geschlechtsliebe zu einer psychologischen Unmöglichkeit macht«.

So drückte man sich vor etwa 100 Jahren aus, als Westermark seine Hypothese zum ersten Mal zu Papier brachte, die er auch so formulierte (was Bischof wohlwollend zitiert): »Ich unterstelle einen angeborenen Widerwillen gegen den geschlechtlichen Verkehr zwischen Personen, die von früher Jugend auf beisammen leben.« Mit anderen Worten, wir sind mit der Fähigkeit geboren, unsere sexuellen Neigungen den Menschen gegenüber zu unterdrücken, mit denen wir von klein auf etwa im Sandkasten gespielt haben – dazu gehören erst Bruder und Schwester und später die eigenen Kinder. Intimität, die bis in die Kindheit zurückreicht, wirkt der sexuellen Anziehung massiv entgegen, statt sie zu fördern, wie Lévi-Strauss trotzig behauptet, auch wenn alle Beobachtungen Westermark recht geben.

Es gibt tatsächlich empirische Befunde zu diesem Thema, und Bischof erzählt eindrucksvoll und eindringlich von diesen Experimenten des Lebens. In Taiwan gibt es zum Beispiel den jetzt aussterbenden Brauch der »kleinen Braut« (sim-pua), bei dem die künftige Frau eines Mannes schon als Baby von dessen Familie aufgenommen wird. Die künftigen Ehepartner wachsen gemeinsam auf, und im Alter von 15 Jahren dürfen sie heiraten. Allerdings – die Ehen sind wenig erfolgreich, der Bräutigam muß förmlich in das Bett seiner Frau geprügelt werden, und die Seitensprünge der »kleinen Eheleute« sind kaum zu zählen. Ein anderes Beispiel handelt von den israelischen Kibbuzim, in denen die Kinder nicht bei den Eltern, sondern in Kinderhäusern aufwuchsen. Das Ziel war, sie auf ein Leben in Gemeinschaft vorzubereiten, und Liebschaften der Mädchen und Jungen einer Gruppe wurden ausdrücklich gefördert. Bei Durchsicht der Heiratsregister der Kibbuzim ist allerdings aufgefallen, daß dadurch keine Ehen geschlossen wurden. Hier fanden sich nur Partner zusammen, die nicht von Kindesbeinen an ununterbrochen zusammengelebt hatten.

Die Sachlage ist eindeutig (auch wenn es nach wie vor Kulturphilosophen gibt, die davor die Augen verschließen): »Primäre Vertrautheit« unterdrückt Sexualität. Sie erwacht erst Fremden gegenüber. Lebewesen müssen sich aus den Familienbanden lösen (emanzipieren), bevor sie sexuell aktiv werden können, und es braucht nicht betont zu werden, daß sich hier ein weites Feld auftut, auf das Bischof uns gedankenvoll und wortwitzig führt. Er vergißt dabei auch nicht, die grundlegendere Frage der Wissenschaft zu stellen, was denn eigentlich das Schlimme am Inzest ist, das die Natur vermeiden will (und das der Kultur schadet)? Für die Antwort braucht niemand komplizierte geistige Höhenflüge zu starten. Man muß nur der Argumentation des Autors folgen, der sie mit den Worten zusammenfaßt:

»So findet die Frage nach dem biologischen Sinn der Inzestbarrieren am Schluß eine ebenso einfache wie tiefliegende Antwort: Ihr Sinn ist derselbe wie der der Sexualität überhaupt.« Und der besteht bekanntlich in der Durchmischung der Gene und der damit möglichen Hervorbringung einer ausreichenden genetischen Variabilität. Inzucht würde der Sexualität entgegenwirken, was heißt, daß Lebewesen, die sich geschlechtlich fortpflanzen, von der Natur so ausgestattet werden müssen, daß sie Inzucht vermeiden.

Um das Inzesttabu und sein Verständnis geht es im *Rätsel Ödipus* höchstens zur Hälfte. Das Buch besteht aus sechs Teilen, die mit dem »Problem« der Partnerwahl beginnen und mit dem Wechselspiel von Natur und Kultur enden. Im fünften Teil riskiert Bischof es, »Wirkungsgefüge« genauer vorzustellen, was heißt, er entwickelt behutsam und beharrlich zugleich »ein kybernetisches Modell« für die menschliche Motivation. Konkret verfertigt er ein immer raffinierter verwobenes Blockschaltbild, wie es Techniker gewohnt sind, die mit Regelkreisen arbeiten und mit ihnen Maschinen konstruieren müssen. In Bischofs kybernetischer Psychologie tauchen zum Beispiel Bausteine wie »Subjekt«, »soziales Objekt« auf, die in einer »Distanz« zueinander stehen, die als »Nähe« empfunden und als »Relevanz« gedeutet werden kann. Im Detail nimmt Bischof einzelne psychische Funktionen an, die zur Motivation führen, setzt sie miteinander in Wechselwirkung und fragt, ob die von ihm vorhergesagten Annahmen plausibel sind, indem er nachprüft, ob die Wirklichkeit mit den Mechanismen operiert, die ihm vorschweben. Tatsächlich gelingt es auf diese Weise nicht nur, menschliche Reaktionen in gegebenen Umständen verständlich zu machen, sondern auch Hinweise zu geben, an welcher Stelle eine beobachtete psychische Störung ihren Ursprung haben könnte. Es ist nicht das Tatsachenmaterial, das Bischofs Blockschaltbilder bislang wenig populär werden läßt. Es ist vielmehr ein Unbehagen, das jemand einmal in die Worte gefaßt hat: »Und wo bleibt hier die Seele?« Wer hierauf Antwort sucht, wird in Bischofs *Kraftfeld der Mythen* bedient, aber das wirkt auf uns erst nach dem *Rätsel Ödipus*.

**** 𝄞 𝄞 𝄞 𝄞 𝄞   ✐✐✐

ÜBRIGENS Wenn das Stichwort der *Kybernetik* fällt, kann es nicht lange dauern, bis jemand reflexartig auf das Buch mit diesem Titel hinweist, das der große amerikanische Mathematiker Norbert Wiener (1894–1964) geschrieben hat und das 1948 erschienen ist. Er hat den Ausdruck »Kybernetik« erfunden, der sich vom griechischen Wort für Steuermann ableitet. Wieners Wissenschaft handelt von der *Regelung und Nachrichtenübertragung im Lebewesen und in der Maschine,* wie der Untertitel seines legendären Buches es ausdrückt. Doch obwohl nahezu jeder den Titel von Wieners Buch kennt und obwohl Rezensenten seit Jahrzehnten hartnäckig von einem »populärwissenschaftlichen Werk« sprechen und so tun, als ob die vielen Seiten, die nur aus mathematischen Ableitungen bestehen, locker mit Schulkenntnissen zu verstehen sind – eine glatte Lüge selbst in Zeiten vor der PISA-Studie –, soll die *Kybernetik* nicht in den Kanon aufgenommen werden. Das kann auch von der Sache her begründet werden, denn Wieners Optimismus einer exakt erfaßbaren Steuerbarkeit komplexer Apparate hat sich als ungerechtfertigt erwiesen. Wie sich längst herausgestellt hat, ist die mathematische Durchdringung von vernetzten Informationen nur in sehr einfachen Fällen möglich. Die Kybernetik und ihre Theorie versagen schon, wenn sie versuchen, sich an das Telefonnetz eines Dorfes heranzuwagen.

Da Norbert Wiener aber auf keinen Fall als Autor fehlen darf, werden seine Betrachtungen über das Verhältnis von Kybernetik und Gesellschaft gewählt, die unter dem Titel *Mensch und Menschmaschine* auf Deutsch zum ersten Mal 1952 im Verlag Alfred Metzner (Frankfurt am Main) erschienen sind. Das Buch heißt im Original *The Human Use of Human Beings,* handelt also vom menschlichen Umgang mit Menschen, wenn die Maschinen immer besser und zahlreicher werden. Wiener versteht und erläutert den sowohl äußerst wichtigen als auch wenig verstandenen Zusammenhang, daß Zivilisationen durch die Zahl der Operationen voranschreiten, die ihre Mitglieder ausführen können, ohne darüber nachdenken zu müssen, und er fragt sich, wohin uns die umfassende Einführung von Computern führt, deren Triumphzug er voraussagt und mit einem wunderbaren Begriff benennt, dem der Zweiten Industriellen Revolution:

»Wir haben zu der Einführung einer neuen Wissenschaft beigetragen, die technische Entwicklungen mit großen Möglichkeiten für Gut oder Böse umschließt. Wir können sie nur in die Welt weitergeben, die um uns existiert, und das ist die Welt von Belsen und Hiroshima. Wir haben nicht einmal die Möglichkeit, diese neuen technischen Entwicklungen zu unterdrücken. Sie gehören zu diesem Zeitalter, und alles, was wir tun können, ist, zu verhindern, daß diese Entwicklungen in die Hände der verantwortungslosesten und käuflichsten unserer Techniker gelegt werden. Wir können bestenfalls dafür sorgen, daß eine breite Öffentlichkeit die Richtung und die Lage der gegenwärtigen Arbeit versteht.«

Und dabei taucht schon zu seiner Zeit ein Problem auf, das bis heute besteht, nämlich »die feindliche Einstellung des Intellektuellen gegenüber Naturwissenschaft und Maschinenzeitalter«. Was Wiener dabei tadelt, ist nicht Widerstand gegen das Vorwärtsdrängen des Maschinenzeitalters, es ist vielmehr das mangelnde Interesse des Intellektuellen am Maschinenzeitalter: »Er hält es für nicht wichtig genug, die Haupttatsachen der Naturwissenschaften und der Technik gründlich kennenzulernen und ihnen gegenüber aktiv zu werden. Seine Haltung ist feindselig, aber seine Feindseligkeit geht nicht so weit, ihn zu irgend etwas zu veranlassen. Es ist mehr ein Heimweh nach der Vergangenheit, ein unbestimmtes Mißbehagen gegenüber der Gegenwart, als irgendeine bewußt eingenommene Haltung.« Es wäre an der Zeit, daran etwas zu ändern.

***** 🖋🖋🖋🖋 〰〰〰

16

Douglas R. Hofstadter
Gödel, Escher, Bach

Simon Singh
Fermats letzter Satz

Die Originalausgabe des über 800 Seiten langen *endlosen geflochtenen Bandes* – so der Untertitel – mit mehr als 150 Abbildungen ist 1979 im New Yorker Verlag Bantam Books erschienen; eine deutsche Ausgabe gibt es seit 1985 im Stuttgarter Ernst Klett Verlag.

Douglas R. Hofstadter ist im Februar 1945 in New York geboren worden. Er studierte zunächst Physik wie sein Vater Robert Hofstadter, der 1961 den Nobelpreis für Physik bekommen hat und an der Universität Stanford arbeitete. Während sich Hofstadter sen. seinen Namen in der Atomphysik machte, wandte sich Hofstadter jun. den Festkörpern zu. Er promovierte 1975 und lehrte in den folgenden Jahren an amerikanischen und deutschen Hochschulen (in Regensburg). 1977 erhielt er die Möglichkeit, als Computerwissenschaftler an der Universität von Indiana zu arbeiten, und seitdem beschäftigt sich unser Hofstadter mit künstlicher Intelligenz. 1984 wurde er Professor für Kognitionswissenschaften an der Universität von Michigan in Ann Arbor, wo er sich unter anderem der Frage zuwandte, wie ein Gehirn einen Buchstaben wie das A zuverlässig erkennen kann, unabhängig von der genauen Form (A, **A**, A, **A**, ⊲, $\mathcal{A}$), mit der er erscheint und die vor allem in der Handschrift stark variieren kann. Er wollte und will vor allem erkunden, wie das Gehirn Analogien ausnutzt und möglicherweise mit ihrer Hilfe die Kreativität entwickelt, die uns so fasziniert.

Nach dem Erscheinen und dem Welterfolg von *Gödel, Escher, Bach* wurde Hofstadter gebeten, die Sektion der mathematischen Unterhaltung zu übernehmen, die zu den besonders populären Inhalten der damals legendären amerikanischen Zeitschrift »Scientific American« gehörte. Daraus ist ein weiteres Buch mit dem Titel *Metamagicum* entstanden, in dem der Autor *Fragen nach der Essenz von Geist und Struktur* stellt. Zuvor hatte Hofstadter zusammen mit dem Philosophen Daniel Dennett ausführlich über die Frage nachgedacht, ob eine dem Gehirn nachgebaute Maschine ein »Ich-Bewußtsein« haben kann.

ZUM TEXT Die drei Titelhelden des Buches haben einen unterschiedlichen Bekanntheitsgrad. Jeder wird Bach kennen bzw. von ihm gehört haben. Johann Sebastian Bach (1685–1750) tritt bei Hofstadter vor allem als der Komponist auf, der die Kunst der Fuge beherrscht, mit deren Hilfe er das Zusammenwirken von verschiedenen Ebenen (Themen) erläutert, die zueinander in Beziehung stehen. Sie sind selbstbezüglich, wie es auch heißt, wobei dieser Ausdruck für die später folgenden Aspekte wichtig ist. Weniger Menschen werden wissen, wer Escher war. Der Niederländer Maurits Cornelis Escher (1898–1972) ist durch seine graphischen Arbeiten und Holzschnitte berühmt geworden, die merkwürdige Schleifen enthalten – etwa eine Hand, die eine Hand zeichnet, die die erste Hand zeichnet, oder zwei Personen, die eine Treppe hinabsteigen, die letztlich zu ihnen hinaufführt. Selbstbezüglichkeit also auch hier, wobei die beiden genannten künstlerisch tätigen Herren nur den Rahmen abgeben sollen, in dessen Mittelpunkt der bis zum Erscheinen von Hofstadters Buch wahrscheinlich völlig unbekannte Mathematiker Kurt Gödel (1906–1978) steht. Der lange Zeit erstaunlichen Wirkungslosigkeit Gödels in der breiten Öffentlichkeit steht seine ungeheure Wirksamkeit in der Mathematik selbst gegenüber. Das 20. Jahrhundert hatte für diese Disziplin mit der Aufforderung ihres größten Vertreters, des Göttinger Mathematikers David Hilbert, begonnen, die Probleme des Fachs so zu formulieren (formalisieren), daß ihre Lösbarkeit nur noch eine Frage der Zeit sei. 1931 zeigte Gödel in einem Aufsatz mit dem Titel *Über formal unentscheidbare Sätze der Principia Mathematica und verwandter Systeme,* daß Hilberts Programm nicht durchgeführt werden kann. Jeder Versuch, so konnte Gödel beweisen, der sich vornimmt, ein zugleich vollständiges und widerspruchsfreies mathematisches System zu errichten, ist zum Scheitern verurteilt.

So kompliziert das beim ersten Lesen klingt, die wesentliche Botschaft Gödels lautet, daß es Sätze gibt, die wahr sein können, ohne daß sich dies beweisen ließe. Nun kann eine Maschine nur formal entscheidbare (beweisbare) Sätze kennen, während das Gehirn mit Wahrheit beschäftigt ist. Kann also eine Maschine doch nicht denken? Hat Gödel bewiesen, daß es gar keine künstliche Intelligenz geben kann?

An dieser Stelle erwacht das Interesse Hofstadters an Gödel, der sich Gedanken über Selbstbezüglichkeit macht und findet, daß diese Qualität nicht nur in der Mathematik, sondern auch in der Musik (bei Bach) und in der Bildenden Kunst (bei Escher) auftritt. Die Selbstbezüglichkeit ist natürlich ein vertracktes Problem, wie sich jeder sofort klar machen kann, wenn er sich an scheinbar harmlose Sätze wie »Dieser Satz ist falsch«, »Diese Behauptung kann nicht bewiesen werden« oder »Ich bin ein Lügner« heranwagt und zu verstehen versucht, was genau aus ihnen zu schließen ist. Wie übersieht man ein Schild, auf dem steht, daß man das Schild nicht beachten soll?

Man ahnt allmählich, was sich Hofstadter in seinem Buch alles vorgenommen hat, das über mathematische Logik ebenso ausführlich berichtet wie über Bachs Kompositionstechniken und Eschers Druckwerke, wobei zwischendurch immer Dialoge gestreut sind, die Achilles mit einer Schildkröte führt. Dieses merkwürdige Paar illustriert seit der Antike eine Paradoxie des Unendlichen, indem der antike Held dem alten Tier nachrennt, wobei ihm gestattet wird, in jeder Zeiteinheit die Distanz um die Hälfte zu verringern. Die Frage, ob Achilles die Schildkröte einholt (und wann dies gelingt), soll hier offen bleiben, denn Hofstadters Buch enthält noch so viel mehr – eine Einführung in die Computerwissenschaft, eine Sammlung von Zen Koans und eine Einführung in den genetischen Code, um nur einige Beispiele zu nennen. *Gödel, Escher, Bach* wirkt wie eine Graphik von Escher, bei der man auch nie weiß (und immer entscheiden muß), was als Figur im Vordergrund und was als Begleitung im Hintergrund erscheint.

Wie gesagt, das eigentliche Thema des Buches sind selbstbezügliche Sätze, die Experten manchmal als »rekursiv« bezeichnen. Wer sich auf sie einläßt, bekommt – siehe oben – leicht Knoten ins Gehirn, aber die sind bei der Lektüre unvermeidlich. Manchmal macht Hofstadter es dem Leser leicht, etwa wenn er Achilles eine Wunderlampe in die Hand drückt und der Held sofort mit dem Reiben beginnt. Bald erscheint ein Geist, der Achilles drei Wünsche gestattet und dabei seine Überraschung erlebt. Denn Achills erster Wunsch besteht darin, 100 Wünsche zu haben. Der Geist knurrt und verweigert den Dienst mit dem Hinweis, dies sei ein Meta-Wunsch – ein Wunsch für einen Wunsch –, und er sei nur für gewöhnliche Wünsche zuständig. Als nun Achilles seinerseits knurrt, holt der Geist seine eigene Wunderlampe hervor und mit ihr einen Meta-Geist – den Geist des Geistes –, der bald in dieselben Schwierigkeiten gerät und einen Meta-Meta-Geist zu Hilfe ruft, und so weiter. Dabei läuft die Geschichte zurück in dieselbe Frage, die beim Wettlauf mit der Schildkröte auftaucht, nämlich die, ob es irgendwann ein Ende und einen Gewinner gibt.

Wir empfehlen das Buch, um die Auflösung zu finden, und weisen an dieser Stelle auf Hofstadters nahezu genialische Erfindung eines einfachen formalen Systems hin, das

MIU heißt. In diesem System gilt etwas als »Aussage«, wenn es aus einer endlichen Reihe von Buchstaben besteht, die mit M beginnt und anschließend ein Muster aus I und U enthält – MIIIUIIUU zum Beispiel. MI ist als Axiom gegeben, dem sich vier Regeln hinzugesellen, nach denen neue Theoreme (Behauptungen) aufgestellt werden können. Die Aufgabe lautet, zu entscheiden, ob MU ein Theorem innerhalb von MIU ist. Das Wunderbare besteht darin, daß man aus dem System herausgehen (und etwas Zahlentheorie benutzen) muß, um »die Wahrheit« MU zu beweisen. Auf diese Weise erfaßt man, was Gödel tatsächlich herausgefunden hat, daß es nämlich wahre Sätze gibt, die aber nicht in dem logischen System bewiesen werden können, aus dem sie stammen.

Hofstadter hat noch andere Bildungsstückchen für seine Leser parat, etwa wenn er Achilles und die Schildkröte mit einem Gespräch über Bachs Goldberg-Variationen beginnen läßt, um von da zu seinen eigenen Goldbach-Variationen zu kommen. Christian Goldbach heißt ein Mathematiker, der in einem vergangenen Jahrhundert die (unbewiesene und nach ihm benannte) Vermutung aufgestellt hat, daß jede gerade Zahl sich als Summe zweier Primzahlen darstellen läßt, also 4 als Summe von 1 und 3 oder 12 als Summe von 5 und 7. Goldbachs Variation besteht nun in der Vermutung, daß jede positive gerade Zahl auch als Differenz zweier Primzahlen zu schreiben ist, 4 also als 7 minus 3 oder 12 als 23 minus 11.

Hofstadters panoramaartige Zusammenstellung des Spektrums von *Gödel, Escher, Bach* hat zwei Probleme, die allerdings nicht den Griff zu dem Buch behindern sollten. Zum einen ist der Text oft ein wenig sehr lang geraten, und es würde nicht schaden, etwa das Kapitel über die Selbst-Replikation zu kürzen oder zu überspringen, denn was sich hier über molekulare Genetik lernen läßt, ist inzwischen an vielen anderen Stellen der Literatur (und besser) zu finden. Zum zweiten schätzt Hofstadter mindestens einmal Qualität und Möglichkeiten von Rechenmaschinen merkwürdig schief ein, etwa wenn es um ihre Fähigkeit geht, Schach zu spielen. Auf die Frage, ob es einmal Schachprogramme gibt, die auch Großmeister schlagen können, antwortet Hofstadter erst mit einem deutlichen Nein – was sich nach dem Sieg des IBM Computers Big Blue über Weltmeister Gary Kasparow als Irrtum erwiesen hat –, um dies anschließend mit dem Hinweis zu begründen, daß solch ein Computer mehr als Schachspielen könne. Solch eine Maschine verfüge ganz allgemein über Intelligenz, und dann sei sie so launisch und anfällig wie die Menschen selbst. Hoffentlich nicht.

*** 𝒢𝒢 𝒢𝒢 𝒢𝒢 𝒢𝒢   ✐✐✐✐✐

ÜBRIGENS Gödel und Goldbach firmieren auch prominent in dem 1997 erschienenen Buch, in dem der 1964 geborene und in London lebende Wissenschaftsjournalist Simon Singh *Die abenteuerliche Geschichte eines mathematischen Rätsels* beschreibt. Es geht um Fermats letztes Theorem, das im deutschen Titel als *Fermats letzter Satz* (Hanser Verlag) angekündigt wird. Wer leichtfertig denkt, daß der Begriff des Abenteuers wenig mit Mathematik zu tun hat, der wird sich bald an ganz andere Kaliber gewöhnen müssen. Denn wenn *Fermats letzter Satz* und die damit verbundene Wahrheit über Zahlen diskutiert wird, dann kommen die Mathematiker aus dem Schwärmen nicht heraus. Sie reden von der Schönheit ihres Faches, sie verwenden vielfach Attribute wie »romantisch« und »gut«, und sie vergießen hin und wieder sogar einige Tränen.

Im Mittelpunkt des Buches steht der 1953 geborene Mathematiker Andrew Wiles, der am 23. Juni des Jahres 1993 im britischen Cambridge einen Beweis für ein rund 350 Jahre altes Problem vortrug, das die Mathematiker gereizt und geärgert hatte. Es ist als »Fermats letztes Theorem« bekannt und hat mit der Lösung einer relativ einfach aussehenden Gleichung zu tun. Während die meisten von uns noch den Satz des Pythagoras kennen bzw. im Ohr haben $- a^2 + b^2 = c^2$ (a Quadrat plus b Quadrat gleich c Quadrat) $-$, und sich rasch ausrechnen können, daß die Gleichung für $a = 3$, $b = 4$ und $c = 5$ aufgeht (9 plus 16 ist 25), ging es Fermat um höhere Potenzen und die Frage, ob es eine entsprechende Lösung für $a^n + b^n = c^n$ gibt, falls n gleich 3 oder größer ist. Fermat hatte in den ersten Jahrzehnten des 17. Jahrhunderts genügend mit dieser Gleichung gespielt, um anschließend zu behaupten, daß es *keine* drei natürlichen Zahlen gibt, die die oben genannte Gleichung ohne Rest erfüllen. Dies ist sein berühmtes letztes Theorem, das seinen besonderen Reiz durch einen diabolischen Zusatz bekommt: Pierre de Fermat hatte seine Behauptung zwar ohne Beweis aufgestellt, in einer Randnotiz von 1637 aber gemeinerweise hinzugefügt, ein entsprechendes Verfahren zu kennen: »Ich habe hierfür einen wahrhaft wunderbaren Beweis, doch ist dieser Rand hier zu schmal, um ihn zu fassen.«

Keine Frage, diesen »wahrhaft wunderbaren Beweis« mußten die Mathematiker finden, und so mühten sich die größten unter ihnen in den folgenden Jahrhunderten auch redlich ab: Leonhard Euler scheiterte ebenso wie Augustin Louis Cauchy, um nur zwei Namen zu nennen, die hell am Himmel der Mathematik leuchten und ihren Vertretern so geläufig sind wie den Philosophen Leibniz und Kant.

Kein Wunder also, daß die Welt aufgeregt wurde und neugierig lauschte, als Andrew Wiles 1993 nach sieben Jahren mehr oder weniger einsamer Arbeit ankündigte, einen Beweis liefern zu können. Viele Wissenschaftsjournalisten berichteten anschließend von der Vorlesung, deren Ergebnis es sogar bis auf die Titelseite der *New York Times* schaffte. Doch als die meisten Mathematiker den Triumph ihres Fachs und ihren neuen Star feierten, entdeckte einer von ihnen eine Lücke im Beweis, und Verzweiflung machte sich breit. Die schreckliche Ungewißheit dauerte bis zum Oktober 1994. Dann gelang es Wiles endlich und glücklich, seine Gedankenkette zu schließen, und seitdem hat dieses mathematische Abenteuer sein gutes Ende gefunden.

Die letzten Monate im Licht der Öffentlichkeit müssen für Wiles sehr schlimm gewesen sein, nachdem er sich die sieben Jahre zuvor in abgeschiedener Ruhe um Fermats letztes Theorem gekümmert hatte, wie Singh berichtet. Wiles begründete sein Verhalten mit dem übergroßen Interesse an Fermats Theorem. Zuviel Aufmerksamkeit der Kollegen hätte seine Konzentration zunichte gemacht, wie er behauptet. Doch Singh sieht genauer hin und erkennt den eigentlichen Beweggrund für das jahrelange Stillschweigen. Es ist das höchst menschliche Verlangen nach Ruhm. Wiles mußte immer damit rechnen, daß passieren könnte, was dann tatsächlich auch eingetreten ist, daß er nämlich den Beweis nicht ganz vollständig hinbekommt. Und nichts wäre schwerer zu ertragen gewesen, als mitansehen zu müssen, wie ihm dann ein lieber Kollege beim letzten Schritt lässig und launig zuvorkommt.

Natürlich kritisiert Singh Wiles nicht, weil er nach Ruhm strebt. Im Gegenteil! Singh will Wiles und andere Mathematiker mit Bemerkungen und Hinweisen dieser Art nur besser vorstellbar und in ihrer Arbeitsanstrengung begreiflich machen, und dies ist es, was sein Buch vor allem auszeichnet. Singh geht es um die Personen, die Mathematik treiben, und er stellt den Lesern die ganze Palette ihrer Prominenz in wunderbar erzählten Wendungen vor. Dabei geschieht nichts aus Selbstzweck, sondern alle Geschichten drehen sich um die eine Sache, nämlich das letzte Theorem von Fermat, und Singh macht jedem, der bis Drei zählen kann und bereit ist, auch die dazugehörenden Quadrate zu bilden, klar, wie spannend und trickreich zugleich Mathematik sein kann.

Singh geht weit über die bisher publizierten populären Versionen der Beweisgeschichte hinaus, die bestenfalls in Nebensätzen auf eine zentrale Idee eingegangen sind, die unter Experten als Taniyama-Shimura-Vermutung bekannt ist. Hinter den japanischen Namen stecken zwei ungewöhnliche Geschichten, die Singh nicht nur erzählt, um einige persönlich dramatischen Dimensionen des Unternehmens Mathematik offen zu legen, sondern auch, um zu zeigen, daß die ganze wissenschaftliche Welt an dem Abenteuer beteiligt war, das in Wiles Kopf in Cambridge endete.

Und da ist noch ein letzter Vorzug: Das Buch vermittelt eine Vorstellung davon, welche Qualität wissenschaftliches (und vor allem mathematisches) Wissen erlangen kann, und es macht deutlich, wie ernst Forscher ihre grundlegenden Begriffe verwenden können. Jeder, der Singhs Buch gelesen hat, wird sich anschließend dreimal überlegen, bevor er das Wort »Beweis« noch einmal in den Mund nimmt. Für diejenigen, die zur Kenntnis genommen haben, wie lange viele geniale Köpfe für den Beweis einer scheinbar einfachen Behauptung gebraucht haben und welche rigorosen Maßstäbe dabei an die Beweisführung gelegt wurden – für die beweist irgendeine Bemerkung irgendeines Philosophen nichts mehr, selbst wenn da unentwegt von Beweisen für oder gegen die Existenz Gottes zum Beispiel geredet wird. Beweise sollte man Mathematikern überlassen. Darauf hat schon Papst Urban im Prozeß gegen Galilei bestanden, und zwar mit Recht.

17

Benoit Mandelbrot

*Die Fraktale Geometrie
der Natur*

James Gleick

Chaos

Die Originalausgabe *The Fractal Geometry of Nature* ist 1982 im W. H. Freeman Verlag, San Francisco erschienen. Eine deutschsprachige Ausgabe des überreich illustrierten Bandes ist 1986 vom Birkhäuser Verlag in Basel auf den Markt gebracht worden.

Benoit Mandelbrot ist im November 1924 in Polens Hauptstadt Warschau als Sohn jüdisch-litauischer Kaufleute geboren worden. 1936 floh die Familie nach Paris, wo sie nur drei Jahre lang bleiben konnte. Dann mußten die Mandelbrots erneut fliehen, und diesmal brachen sie in den Süden Frankreichs auf. Hier überlebte Benoit den Zweiten Weltkrieg. Trotz einer verständlicherweise nur unzureichenden Schulbildung gelang es ihm nach 1945, Zugang zu den französischen Universitäten zu bekommen und Mathematik und Ingenieurswissenschaften zu studieren. 1952 erhielt er seinen Doktortitel. Nach einigem Hin und Her zwischen Princeton (New Jersey), Genf und Lille zog es Mandelbrot 1958 an das Forschungszentrum in Yorktown Heights, das die IBM in New York eingerichtet hatte. Hier arbeitete er fast drei Jahrzehnte, und die ganzen Jahre über hielt er sich vom Hauptstrom der Forschung fern, der sich vor allem mit vorhersagbaren Phänomenen befaßte. Statt dessen sah er sich auf zahlreichen und immer wieder neuen Gebieten um, die so verschieden waren wie die Schwankungen der Börsennotierungen, die Geräusche in Telefonleitungen, die Redundanz der Sprache und die Zerklüftung von natürlichen Landschaften. Dabei fiel ihm unter anderem auf, daß die Länge der Küste von Großbritannien nur scheinbar bekannt und mehr ein unbekanntes Problem war. Enzyklopädien unterschieden sich in ihren Angaben um mehr als 20%, und bei näherer Analyse bemerkte Mandelbrot, daß das Ergebnis nicht zuletzt von dem Maßstab der benutzten Landkarte abhing. *Wie lang ist die Küste von Großbritannien?* – so lautete schließlich der Titel seines bahnbrechenden Aufsatzes, in dem der Welt erklärt wurde, daß sie Abschied von einer uralten Idee zu nehmen hat, der Idee nämlich, daß man die Natur mit Hilfe der klassischen geometrischen Figuren erklären kann, die Euklid gezeichnet und bedacht hat. Die Geometrie der Welt ist nicht so glatt und gerade, wie wir uns das vorstellen. Sie ist zerklüftet und gebrochen – fraktal –, wie Mandelbrot dann 1982 in Buchlänge offenlegte. Wolken sind keine Kugeln, Küsten sind keine glatten Linien, Berge sind keine Kegel und ein Blitz breitet sich nicht auf einer Geraden aus.

Seit 1987 ist Mandelbrot Professor für Mathematik an der Yale Universität in New Haven (Connecticut).

ZUM TEXT *Die Fraktale Geometrie der Natur* beginnt mit dem Hinweis auf die Unfähigkeit der Menschen, »solche Formen zu beschreiben, wie etwa eine Wolke, einen Berg, eine Küstenlinie oder einen Baum«. Dessen Rinde ist ebenso wenig glatt wie seine Blätter scharf geschnitten daher kommen. Mandelbrot bemerkt nun, daß »die Existenz solcher Formen uns zum Studium dessen herausfordert, was Euklid als ›formlos‹ beiseite läßt«. *Die Fraktale Geometrie der Natur* füllt also eine Lücke von 2000 Jahren aus und handelt von der Morphologie des »Amorphen«. Sie entwickelt als Antwort »eine neue Geometrie der Natur«, die sich den zersplitterten Formen zuwendet, »die wir Fraktale nennen werden«.

Das Wort »fraktal« kommt vom Lateinischen »fractus«, was »gebrochen« heißt (und in die Welt der Politik als »Fraktion« eingegangen ist). Fraktale Gebilde haben eine »gebrochene Dimension«, womit gemeint ist, daß sie nicht durch die ganzen Zahlen 1, 2 oder 3 erfaßt werden. Eine Linie hat die Dimension 1 (vor oder zurück), eine Fläche die Dimension 2 (vor oder zurück und rechts oder links) und ein Raum die Dimension 3 (vor oder zurück und rechts oder links und oben oder unten). Welche Dimension hat die Küstenlinie von Großbritannien? 1 ist zu wenig – sie windet sich zu sehr –, und 2 ist zu viel, denn sie schließt ja eine Fläche mit der Dimension 2 ein – unter anderem England und Schottland. Mandelbrot überlegte, daß der Linie, die einen Kreis bildet, trotz ihrer Krümmung die Dimension 1 zugewiesen werden kann, weil sie letzten Endes glatt ist, was heißt, daß sie bei zunehmender Vergrößerung immer weniger Krümmung zeigt und durch einen immer gradliniger werdenden Strich gezeichnet werden kann. Anders die Küstenlinie von Großbritannien. Je genauer die Karten in den Atlanten sie zeigten – je größer der Maßstab –, desto gewundener (zerklüfteter) wurde ihr Umriß. Der Küstenverlauf ist letztlich nirgendwo gerade, er ändert ununterbrochen seine Richtung und füllt daher mehr als eine Dimension aus. Mit anderen Worten, die Küste braucht eine fraktale Dimension.

Mandelbrot gelang eine elegante Lösung des Problems – eine mathematisch erweiterte Definition der Dimension –, die er in seinem Buch darstellt, das trotzdem weniger ein Mathematik- und mehr ein Bilderbuch ist. Auf den Bildern sind natürliche Fraktale zu sehen, wie sie etwa in verzweigten Ästen von Bäumen oder auf der Oberfläche von Blumenkohl leicht ersichtlich werden – wenn man erst einmal anfängt, sie mit Mandelbrots Augen anzuschauen.

Welche Dimensionen haben natürliche Gegenstände wie Büsche oder Bäume? Fragen dieser Art kann Mandelbrot nun stellen und beantworten. Doch die für den Menschen sicher spannendste Frage ist die nach der Dimension seines Gehirns, genauer gesagt nach seiner vielfach gefalteten

Oberfläche. Klar ist, daß sie zwischen 2 und 3 liegen muß, und nach Inspektionen einiger Exemplare unseres Denkorgans neigt Mandelbrot dazu, seine Dimension mit rund 2,75 anzugeben. Er bestimmt auch die Dimensionen von Wolken und Winden und bemerkt im übrigen, daß ein System der Wettervorhersage nur funktionieren kann, wenn seine Komplexität – und damit seine fraktale Dimension – mindestens so groß ist wie die der Objekte, mit denen es zu tun hat.

Fraktale haben neben ihrer gebrochenen Dimension noch eine zweite Eigenschaft, die Mandelbrot entdeckt hat. Sie zeigen dieselbe Form der Unregelmäßigkeit unabhängig von den Maßstäben, mit denen man sie darstellt. Die Küste von Großbritannien – um bei dem Beispiel zu bleiben – sieht immer gleichartig gebrochen aus, ohne gerader zu werden, ob wir sie nun auf einer Weltkarte, auf einer Europa- oder auf einer Landeskarte betrachten. Man spricht in dem Fall von der Selbstähnlichkeit der Strukturen, und wer sich jetzt an die Selbstbezüglichkeit der Sätze in *Gödel, Escher, Bach* erinnert, hat eine Spur gefunden, auf der diese beiden Bücher und ihre Themen zu verbinden sind – wobei dies vermutlich auf einer fraktalen Linie erfolgt. Mathematisch lassen sich selbstähnliche Kurven nämlich auf die eben genannte Weise herstellen – oder »erzeugen«: Man läßt ein und denselben Rechenvorgang rekursiv ablaufen, das heißt, man läßt ihn Schritt für Schritt vonstatten gehen, wobei jede neue Rechnung mit dem Ergebnis der alten beginnt.

Als Mandelbrot bemerkte, daß Fraktale durch diese Form der Iterationen entstehen, wie man manchmal auch sagt, wollte er nicht bloß Kurven sondern auch Flächen herstellen und anschauen, und er wußte, wie man zu diesem Zweck vorgehen konnte, nämlich dadurch, daß man die Zahlenebene benutzte, die Mathematiker seit Jahrhunderten kannten. Im täglichen Leben haben Zahlen nur eine Dimension, die aus diesem Grund auch real heißt (wobei man meist von reellen Zahlen spricht, was dann so klingt, als ob sie ehrlich wären). Spätestens seit dem 18. Jahrhundert nun können die Mathematiker widerspruchsfrei in eine zweite Dimension ausweichen, die sie imaginär nennen, und eine Zahl, die sowohl einen Real- als auch einen Imaginärteil hat, heißt komplex (weil sie tatsächlich so ist). Mandelbrot wählte eine komplexe Zahl Z, die sich ändern kann, und eine komplexe Zahl C, die fest bleibt. Wenn man nun Z^2+C rechnet und mit einem beliebigen Z beginnt, kommt eine Zahl heraus, die man als neues Z verwenden und iterativ berechnen kann. Mandelbrot gab Z^2+C in seinen Computer ein und startete die rekursive Berechnung, wobei jedes Ergebnis als Punkt einer Fläche eingetragen wurde.

Das klingt alles eher zäh und mühsam, und es ist klar, daß man mit dem Wert von C etwas aufpassen muß, weil bei ungeeigneter Wahl das Rechenergebnis rasch unendlich und nutzlos werden kann. Doch man kann sich vornehmen, die komplexen Zahlen C, für die der Wert von Z^2+C auch nach beliebig vielen Iterationen endlich bleibt, als eine Menge zusammenzufassen, und genau das hat Mandelbrot getan. Man spricht seitdem von der Mandelbrot-Menge, die auch als »Apfelmännchen« bekannt ist, weil sie so aussieht wie ein Männchen, dessen Körperteile durch kleinere oder größere Äpfel dargestellt werden. Was für jemanden, der noch nicht gesehen hat, wovon bislang die Rede ist, entweder langweilig oder albern erscheint, stellt in Wahrheit eine der aufregendsten mathematischen Entdeckungen des 20. Jahrhunderts dar. Die Mandelbrot-Menge gilt nämlich inzwischen als »das komplexeste Gebilde der Mathematik«, und ihr Entdecker gerät bis heute in Verzückung, wenn er über sein Wunderwerk schreibt:

»Diese Menge ist eine erstaunliche Kombination aus äußerster Einfachheit und schwindelerregender Kompliziertheit. Auf den ersten Blick handelt es sich um ein ›Molekül‹ aus gebundenen ›Atomen‹, von denen das eine wie ein Herz aussieht und das andere fast kreisförmig ist. Sieht man aber näher hin, so entdeckt man eine unendliche Menge kleinerer Moleküle, die ebenso geformt sind wie das große und die miteinander durch etwas verbunden sind, was ich ein ›teuflisches Polymer‹ nenne. Aber Sie sollten mir nicht erlauben, weiterhin von der Schönheit dieser Menge zu schwärmen.«

Die Schönheit der Fraktale – The Beauty of Fractals – hat viele andere Mathematiker angeregt und sie unter anderem ein Buch mit dem genannten Titel schreiben lassen. Es stammt von H. O. Peitgen und P. H. Richter und ist 1986 erschienen. In ihm wird mit besseren Computern, als sie Mandelbrot zur Verfügung standen, und mit vielen Varianten gezeigt, welche bodenlose Verzweigung die Natur ermöglicht und wie erstaunlich tief man mit einem einfachen Verfahren – Mandelbrots Iteration – in das Innere der Strukturen vordringen kann.

Mandelbrot hat daraus einen wichtigen Schluß gezogen: »Fraktale Gestalten hoher Komplexität lassen sich durch die Wiederholung einer einfachen geometrischen Transformation gewinnen, und geringfügige Änderungen dieser Transformation bewirken globale Änderungen. Dies legt nahe, daß eine kleine Menge genetischer Information die Entstehung komplexer Gestalten bewirken kann und daß daher auch geringe genetische Veränderungen erheblichen Gestaltwandel hervorrufen können.«

Hinter dieser Vermutung steckt ein großes Forschungsprogramm, das noch durchgeführt werden muß und in dem vielleicht *A New Kind of Science* steckt, um den Titel eines Buches aus dem Jahre 2002 zu zitieren, in dem der Brite

Stephen Wolfram vorschlägt, die Welt nicht durch Naturgesetze, sondern durch Iterationen von elementaren Einheiten zu erfassen.

Mandelbrot wird dieser Ansatz gefallen, aber er würde sich eher bescheiden ausdrücken. Für ihn zählt nicht eine neue Wissenschaft, sondern ihr altes Ziel. Es besteht darin, »die Komplexität der Welt auf simple Regeln zu reduzieren«. Daran arbeitet er nach wie vor.

***** ⚬ ⚬ ⚬   ▱▱▱

ÜBRIGENS Es gibt ein wunderbares Porträt von der Person Mandelbrot in dem berühmt gewordenen Buch *Chaos – Die Ordnung des Universums,* das 1988 auf Deutsch erschienen ist (bei Droemer Knaur in München, die amerikanische Originalausgabe war drei Jahre zuvor publiziert worden). James Gleick, der Autor des Weltbestsellers, hat in seinem Buch neben Mandelbrot noch weitere von den Forschern vorgestellt, die zu der dramatischen Erweiterung der physikalischen Wissenschaften beigetragen haben, die damals einsetzte und durch den zunächst noch negativ besetzten Begriff »Chaos« gekennzeichnet wird. Damit ist kein beliebig durcheinander gehender Zustand gemeint, vielmehr wird die Tatsache erfaßt, daß Systeme nicht mehr vorhersagbar reagieren, wenn sie nur komplex genug sind, was konkret heißt, daß sie aus Teilen bestehen, die so vernetzt und verwoben miteinander in Wechselwirkung stehen, daß es keine lineare Beziehung mehr zwischen ihnen gibt. Chaos ist die Wissenschaft von der Nichtlinearität, und es braucht nicht betont zu werden, daß sie sich erst entwickeln konnte, als die Computer gut und schnell genug waren, um die gekoppelten Gleichungssysteme aufzulösen. Die Computer waren auch die notwendige Voraussetzung für das Auftauchen des Apfelmännchens, wobei in dem Fall auch die Fähigkeit der Maschine gemeint ist, Graphiken und kompliziertere Schaubilder zu erstellen. In langen Zahlenkolonnen wäre die Mandelbrot-Menge unentdeckt geblieben.

Die Chaostheorie ist mit den Computern und ihrer Rechenkapazität in den 1970er Jahren in Schwung gekommen, und beigetragen zu ihr haben Forscher aus allen Disziplinen – Mathematiker, die Gleichungen für ein Pendel lösen wollten, Physiker, die sich fragten, wie das Wachstum von Populationen zu modellieren ist, Biologen, die Herzrhythmen oder Lungenoberflächen verstehen wollten, Astronomen, die rote Flecken auf Planeten berechnen wollten, und Ökonomen, die Preisschwankungen im Welthandel analysieren wollten. Gleick trifft sie alle, stellt sie und ihre Fragestellungen vor, und entwirft dabei ein faszinierendes Bild von Wissenschaft, so wie sie von einzelnen Menschen gemacht und beeinflußt wird. Wir erfahren, wie Edward Lorenz auf den berühmten Schmetterlingseffekt trifft, der es einem winzigen Flügelschlag in Brasilien erlaubt, einen Sturm in New York auszulösen. Wir stehen neben Mandelbrot, wenn er sein Apfelmännchen wachsen und sich verzweigen sieht. Und wir reisen mit dem Physiker Mitchell Feigenbaum umher, der erst eine neue (heute nach ihm benannte) Universalkonstante entdeckt – bei dem Phänomen der Periodenverdopplung – und sich dann in Gedanken über Verbindungen zwischen Kunst und Wissenschaft verliert. Für Feigenbaum können fraktale Bilder mehr Wissen enthalten, als es die linearen Folgen von Begriffen tun, die der Sprache zur Verfügung stehen.

Gleick porträtiert seine Helden so, daß wir immer mehr Lust auf ihre Ideen bekommen. Wer wissen will, wie im 20. Jahrhundert große Entdeckungen gemacht worden sind – wie es eigentlich passiert ist –, der findet bei Gleick eine Fülle von Material, spannend aufbereitet. Die amerikanische Originalausgabe trägt den Untertitel *Making a New Science,* wie eine neue Wissenschaft gemacht wird. Genau das ist hier zu lesen.

18

Adolf Portmann
Biologie und Geist

Lewis Thomas
Die Meduse und die Schnecke

Biologie und Geist enthält eine Sammlung von Aufsätzen und Reden, die in den Jahren nach dem Zweiten Weltkrieg entstanden sind. Zum ersten Mal in Buchform sind sie 1956 im Züricher Rhein Verlag erschienen. Der Neuausgabe von 1975 hat der Verfasser ein Vorwort beigegeben, das neben einem Grußwort von Thure von Uexküll auch in der jüngsten Edition der Essays enthalten ist, die im Jahre 2000 vom Göttinger Burgdorf Verlag auf den Markt gebracht worden ist (Edition Nereïde).

Adolf Portmann ist 1897 im Basler Industrieviertel geboren worden und 1982 in Binningen bei Basel gestorben. Portmann und Basel gehören zusammen. Er hat hier das Realgymnasium absolviert und anschließend an der Universität seiner Heimatstadt Zoologie studiert. 1920 erhält er für eine Arbeit über Libellen den Doktorgrad. Nach einigen Wanderjahren ermöglicht ein Mäzen einen dreijährigen Forschungsaufenthalt an der französischen Mittelmeerküste, und Portmann nutzt das Geschenk, um sich mit Tintenfischen, Seeanemonen und Meeresschnecken zu beschäftigen. 1928 kehrt er nach Basel zurück, um drei Jahre später als Nachfolger seines Doktorvaters ordentlicher Professor der Zoologie zu werden. Nun lenkt er seine Aufmerksamkeit auf die Vögel, von denen aus er zu den Säugetieren aufsteigt, um sich Gedanken über deren Hirnentwicklung zu machen. Wie und wann konnte das Denkorgan seine riesige Größe bekommen? Was ist der Vorteil für uns? Und wo liegen die Gefahren?

In den 1940er Jahren legt Portmann seine Vorstellung einer »physiologischen Frühgeburt« des Menschen vor, die erklärt, warum wir Menschen als hilflose Wesen auf die Welt kommen (und also eine Erziehung brauchen). Wenn wir warten würden, bis das Hirn seinen vollen

Umfang erreicht hat, wäre das Leben der Mutter zu stark gefährdet.

Zur gleichen Zeit erscheinen seine ersten Bücher etwa über *Die Tiergestalt* oder *Das Tier als soziales Wesen.* Portmann beginnt neben seiner Laufbahn als Forscher und Lehrer auch die eines Vermittlers von Wissenschaft. Er präsentiert sie in zahlreichen Aufsätzen und Radiosendungen als Bildungsgut und setzt sich aus dieser Erfahrung heraus stark für eine interdisziplinäre Orientierung der Biologie ein. Von 1946 an nimmt er an den Eranos-Tagungen am Lago Maggiore teil, die er später zwei Jahrzehnte lang leiten wird. Neben zahlreichen Ehrendoktoraten wird ihm auch der Sigmund-Freud-Preis für wissenschaftliche Prosa verliehen.

ZUM TEXT »Ich war immer ein großer Bewunderer von Portmanns Gedanken«, hat Erwin Chargaff gesagt. »Ich bin ein großer Fan von Portmanns Arbeiten«, hat Stephen J. Gould zugegeben. »Portmann bezeugt uns durch sein Dasein: Es ist nicht zu Ende mit den großen Biologen«, meint der Philosoph Karl Jaspers. »Portmann stellt Gängiges auf eine Weise in Frage, die ich höchst beachtenswert finde«, hat Hannah Arendt geschrieben, und so weiter, und so fort.

Wer solche Sätze liest, fühlt sich an Lessings legendäre Klage erinnert, der weniger gelobt und mehr gelesen werden wollte. Portmann soll und kann man lesen, vor allem in einer Zeit, die sich vornehmlich molekularbiologisch orientiert und meint, das Entstehen der Tiergestalt – die Morphogenese – allein und vollständig von den Genen und ihren Sequenzen her verstehen zu können. Es steht natürlich außer Frage, daß Gene und molekulare Mechanismen wichtig sind und zum Verständnis des Lebendigen beitragen, aber die Biologie verfügt noch über andere Möglichkeiten des Denkens und Verstehens, und Portmann führt sie in seinen Essays vor. Der Leser findet ein weites Spektrum von Themen, die natürlich die »Metamorphose der Tiere« und Ansichten über »Goethes Naturforschung« einschließen, die aber auch über »Das Ursprungsproblem« und »Mythisches in der Naturforschung« nachdenken und »Das Problem der Urbilder in biologischer Sicht« ins Auge fassen. Mit Bildern befaßt sich Portmann mehrfach, etwa wenn er »Die Bedeutung der Bilder in der lebendigen Energiewandlung« beschreibt, und besonders an diesem Beispiel zeigt sich, wie modern seine Texte sind (falls jemand einen Hinweis dieser Art benötigt, um sich zur Lektüre zu entschließen). Erst in diesen Tagen fängt man nämlich endlich an, Bilder als Instrumente des Erkennens und Repräsentanten des Wissens so ernst zu nehmen, wie Portmann es bereits in den frühen 1950er Jahren getan hat.

Was die oben erwähnten »Urbilder« angeht, so bezieht sich Portmann dabei auf die Psychologie C. G. Jungs, der vermutet, daß Menschen über ein kollektives Unbewußtes verfügen. In ihm befinden sich Archetypen, die als innere Bilder ins Bewußtsein gehoben werden können und hier auf die von außen kommenden Bilder treffen, um bei einer Übereinstimmung das zu ermöglichen, was wir Erkenntnis oder Einsicht nennen. Portmann stellt nicht nur den psychologischen Gedanken in seiner biologischen Perspektive dar, er fragt auch, ob sich die Archetypen in Fähigkeiten zeigen bzw. nachweisen lassen, die vor der Erkenntnis kommen. Wirken Archetypen auch in den Instinkthandlungen von Tieren?

Wenn Portmann von Bildern spricht, hat er immer im Hinterkopf die Frage, welches Menschenbild die Biologie – und die Wissenschaft allgemein – entwickelt. Er verfolgt die »Idee des Humanen in der gegenwärtigen Biologie« und zeigt, welche Rolle sie »Im Kampf um das Menschenbild« spielt. Man könnte aus jedem Essay wunderbare Zitate pflücken und als Lesefrüchte präsentieren. Wir wollen uns aber an dieser Stelle auf einen Beitrag konzentrieren, in dem es um »Biologisches zur ästhetischen Erziehung« geht. Ein merkwürdig und eher langweilig klingendes Thema, das aber ein ernstes Problem anspricht, nämlich »die Atrophie des vergeistigten Sinneslebens, das Voraussetzung jedes vollen menschlichen Tuns ist«, wie Portmann formuliert. Natürlich wird jeder fragen, ob nicht eher das Gegenteil der Fall ist und wir in einer Bilderflut ertrinken, die unseren Sehsinn überfordert, während zugleich eine Kakophonie blödsinnigster Geräusche unserem Ohr aufgezwungen wird. Doch das bloße Hinsehen (Glotzen) auf einen flimmernden Fernsehkasten ist nicht gemeint, sondern das verständige Anschauen von Formen sowohl der Natur als auch der Kunst. Portmann ist der (hier ausdrücklich als zutreffend empfundenen) Ansicht, daß wir nicht Sehen können, wie es sich gehört, und der Grund dafür liegt darin, daß wir es nirgendwo lernen.

Portmann unterscheidet zwei Fähigkeiten des Menschen, die er als »theoretische« und als »ästhetische Funktion« bezeichnet, wobei das zweite Attribut seinen Ursprung in dem griechischen Wort hat, das in unserer Sprache »Wahrnehmung« bedeutet. Aristoteles war der Ansicht, daß Menschen nach Wissen streben, weil sie Freude an der sinnlichen Erfassung der Welt haben, eben an ihrer ästhetischen Funktion. Doch die Entwicklung der westlichen Wissenschaft hat darauf wenig Rücksicht genommen und sich davon emanzipiert. Sie führt Töne auf Schwingungszahlen und Farben auf Wellenlängen zurück und verbindet weder Empfinden noch Erleben mit diesen Phänomenen. Das hat Folgen gehabt:

»Die abendländische Welt ist längst aus dem Zustand

eines relativ harmonischen Gleichgewichts der geistigen Funktionen herausgeworfen. Sie hat eine folgenschwere Entscheidung getroffen – vor Jahrhunderten bereits –, und ihre Wahl ist auf die theoretische Funktion gefallen. Der Okzident hat den Wertakzent auf den wissenschaftlichen Verstand gelegt, auf die Eroberung des Quantitativen, und hat das Reich der Qualität in einen hinteren Rang gedrängt. Er hat die natürliche Einheit unserer Lebenshaltung preisgegeben und alles auf die Karte der Weltbeherrschung durch die Methoden der Forschung gesetzt.«

Und die Schule bringt uns nichts anderes bei. Wir werden logisch, rational, systematisch erzogen und angehalten, damit durch das Leben zu kommen. Niemand wird die Vorzüge der theoretischen Funktionen bestreiten, aber die Gefahr der Einseitigkeit ist ebensowenig zu übersehen. Der Physiker Wolfgang Pauli hat einmal formuliert, daß unser Leben versucht, die Balance zwischen der Scylla der strengen Rationalität und der Charybdis der schwärmerischen Emotion zu halten, während die Gefahr des Absturzes nach beiden Seiten besteht. Wohlgemerkt, nach beiden Seiten. Die allein gelassene Rationalität kann ebenso versagen wie die ungebremste Abkehr von ihr, wie auch Portmann meint, der ausdrücklich betont, »uns schwebt nicht ein Umschlag ins Schwärmen vor« – ein himmelblauer Klingklang –, »sondern ein harmonischeres Gleichgewicht, ein glücklicherer Mensch«. Und er kommt zu dem Schluß: »Unser geistiges Leben wird nur dann eine neue, glücklichere Form finden, wenn der Mensch ebensosehr erstrebt, stark und groß zu sein im Denken wie im Träumen.«

Wenn man dies konkret auf die Schule und ihren Unterricht überträgt, geht es um »nichts Geringeres als eine resolute Verlagerung der Gewichte, der Akzente unseres Bildungsstrebens, eine Revolution, wenn wir das Wort einmal politisch nehmen«. Diese Sätze sind zwar ein halbes Jahrhundert (!) vor der PISA Katastrophe geschrieben worden, aber noch immer hat niemand bemerkt, daß sie die Lösung enthalten, die alle so sehr suchen.

**** 🕳🕳🕳🕳 ✏✏✏✏

ÜBRIGENS Essays erwartet man mehr von Kulturphilosophen und Literaturkritikern als von Wissenschaftlern. Es gibt aber mindestens einen unter ihnen, der die Kunst des Essays wirklich beherrscht und mehr Leser verdient, als er bislang findet. Gemeint ist hier der 1913 geborene Mediziner und Biologe Lewis Thomas, der jahrzehntelang das Sloan Kettering Cancer Center in New York geleitet hat, das zu den einflußreichsten Krebsforschungsstätten der Welt zählte und zählt. Es gibt zahlreiche Bände, in denen die fast immer brillanten kurzen Texte von Thomas gesammelt worden sind, und die Entscheidung, einen von ihnen herauszuheben, schmerzt. Aber eine Festlegung ist erforderlich, und sie fällt auf *Die Meduse und die Schnecke*. Der Band mit *Gedanken eines Biologen über die Mysterien von Mensch und Natur* ist 1981 bei Kiepenheuer und Witsch in Köln erschienen, zwei Jahre nach der amerikanischen Originalausgabe. Das Buch versammelt Texte aus den 1970er Jahren, und wenn einige von ihnen gelesen worden wären, würde manche öffentliche Debatte über die neue Biologie mehr Spaß und mehr Sinn zugleich machen.

In einem besonders gelungenen Essay stellt Thomas dar, wie wenig Angst uns »Der geklonte Mensch« zu machen braucht, wenn man sich nur einmal in Ruhe und Gelassenheit mit dem Thema befaßt und seinen gesunden Menschenverstand (Common sense) einsetzt. Gerade weil er dabei zugleich »Die Gefahren der Wissenschaft« nicht aus den Augen verliert, sind seine Texte so eindrucksvoll überzeu-

186

gend. »Allererste Sahne« ist auch die von ihm gegebene Erklärung, »Warum Montaigne nicht langweilig ist«, und allen Leuten, die immer noch an der Bedeutung der Grundlagenforschung zweifeln, sei geraten, eine knappe halbe Stunde zu opfern, um sich auf Thomas einzulassen, wie er »Medizinische Lehren der Geschichte« darstellt, die er als Arzt in der Praxis zum Wohle der Patienten erfahren hat. Man braucht nur wenig Zeit, um Thomas zu lesen, und profitiert doch ein Leben lang, erst recht, wenn er ironisch wird und sich Gedanken »Über Transzendentale Metasorgen« macht, wie sie bei vielen Kritikern der Wissenschaft zu finden sind. Thomas tut gut, immer wieder.

✳✳✳✳   𝒪𝒪 𝒪𝒪 𝒪𝒪 𝒪𝒪 𝒪𝒪   ◿◿◿◿◿

19

Richard Dawkins
Das egoistische Gen

Stephen J. Gould
Der falsch vermessene Mensch

Die englische Originalausgabe ist 1976 unter dem Titel *The Selfish Gene* in der Oxford University Press erschienen. Die deutsche Erstausgabe ist zwei Jahre später im Springer Verlag (Berlin) herausgekommen. Seit 1989 gibt es überarbeitete und erweiterte Neuausgaben, die seit 1994 auch auf Deutsch vorliegen, und zwar im Spektrum Akademischer Verlag, Heidelberg. Es gibt eine Taschenbuchausgabe des Hamburger Rowohlt Verlags, deren 4. Auflage 2002 erschienen ist.

Richard Dawkins ist 1941 in Nairobi (Kenia) geboren worden, wo sein Vater im Dienst der britischen Armee stand. 1949 ist die Familie nach England zurückgekehrt, und Dawkins hat nach der Schulzeit ein zoologisches Studium in Oxford begonnen, das 1962 zum Abschluß kam. Seine Doktorarbeit hat er – immer noch in Oxford – bei dem Verhaltensforscher (und späteren Nobelpreisträger) Niko Tinbergen angefertigt. Anschließend hat Dawkins als Zoologe in Berkeley gearbeitet, bevor er nach Oxford zurückkehrte, um ab 1970 als Lecturer in seinem Fach zu arbeiten. Mit diesem Wort wird die unterste Stufe der akademischen Leiter bezeichnet, die Dawkins bald nicht mehr weiter hochsteigen mußte. 1976 erschien nämlich *Das egoistische Gen,* und damit begann seine Laufbahn als großer Vermittler und Verkünder der Wissenschaft. Seit 1995 sitzt er sogar auf einem Lehrstuhl für diese Aufgabe, dem »Charles Simonyi Chair of Public Understanding of Science«, wobei Charles Simonyi, der Stifter der dazu nötigen Gelder, einer der ersten Angestellten eines Unternehmens namens Microsoft war. Dawkins hat nach *Das egoistische Gen* zahlreiche weitere Bücher verfaßt – die meisten sind Bestseller geworden – und sich in ihnen vor allem um eine Vermittlung des Gedankens der Evolution bemüht. Zwei seiner Bücher sind von seiner Frau, der Schauspielerin Lalla Ward, mit Illustrationen versehen worden. 1997 hat die Royal Society of Literature Dawkins zu ihrem Mitglied gewählt, und die Liste seiner Preise kann man sich bequem im Internet anschauen (www.world-of-dawkins.com).

ZUM TEXT *Das egoistische Gen*? Wie kann ein Gen egoistisch sein? Meint man mit diesem vor knapp 100 Jahren in die Wissenschaft eingeführten Begriff nicht heute ein Molekül, das aus vier Grundbausteinen (Basen) besteht, die sich paarweise zusammenfinden und dabei die wunderbare Doppelhelix formen? Sind Gene also nicht einfach molekulare Dinge, die zwar elegant und schön sein, aber nicht absichtsvoll handeln können? Und ist Egoismus nicht erst durch eine solche Absicht definiert und nicht bloß durch eine Handlung? Wenn ich jemandem ein Stück Schokolade anbiete, muß ich nicht unbedingt freundlich aufgelegt und altruistisch gesonnen sein. Ich kann auch an die Karies denken, die durch den Konsum von Süßstoffen wahrscheinlicher wird.

Also: Wie kann ein Gen egoistisch sein? Macht die Wortkombination überhaupt Sinn? Stellt sie nicht vielmehr einen Kategorienfehler dar, wie Philosophen sagen, wenn Dingen Eigenschaften zugeordnet werden, die ihnen nicht zukommen. Ein Wassermolekül allein ist nicht flüssig, das gelingt erst der Substanz. Und während einzelne Menschen lieben können, würde man nicht denken, daß sich dieselbe Leidenschaft bei den Institutionen oder Gesellschaften findet, die aus Personen gebildet werden.

Auf den ersten – eben ausführlich geschilderten – Blick macht das egoistische Gen als Konzept nur mit Mühe Sinn, aber Dawkins hat sich früh gegen solche Einwände gewappnet. Daher definiert er seine Grundbegriffe so, daß die eben genannten Probleme vermieden werden, was nicht bedeutet, daß die Festlegungen unumstritten bleiben und bei jedermann große Freude auslösen. Der wesentliche Punkt bei Dawkins besteht darin, daß er all seine Konzepte in den Kontext der Evolution bringt und nur in diesem Sinne verstanden haben will. Wer *Das egoistische Gen* liest, sollte wissen, daß er oder sie es dabei vor allem mit einem Buch über die Evolution zu tun hat. Und so paradox es auch klingt – die selbstsüchtigen Moleküle sollen das gegenteilige Verhalten erklären, nämlich den Altruismus. Auf dem Weg zu diesem Ziel fangen wir von vorne an.

Die grundlegende Frage, für die sich Dawkins interessiert, lautet, wie sich in der biologischen Stammesgeschichte des Lebens Verhaltensweisen entwickeln und herausbilden konnten. Solange damit Fähigkeiten gemeint sind, die dem jeweils tätigen Individuum Nutzen bringen, stellt diese Frage nicht wirklich ein Hindernis für die Forschung dar. Eine schwierige Herausforderung für die Wissenschaft bemerkt man aber sofort, wenn es darum geht, zu erklären, wie die Evolution zum Beispiel Tiere mit der Eigenschaft ausstatten kann, sich für andere zu opfern. Experten sprechen dann von einem altruistischen Verhalten. Ein Pavian etwa gilt als altruistisch, »wenn er sich so verhält, daß er das Wohlergehen eines anderen, gleichartigen Organismus auf Kosten seines Wohlergehens steigert«. So formuliert es Dawkins, der sich anschließend auch bei der Definition des Egoismus weniger an Intentionen und mehr an dem orientiert, was er »objektives Verhalten« nennt. Und dann ist die Sache ganz einfach: Egoistisches Verhalten ist so angelegt, daß es einem nützt, und Dawkins wird nicht müde, genügend Beispiele für solches Vorgehen aus der Natur anzugeben. Sie handeln von Lachmöwen, Heuschrecken, Pavianen und Menschen, und sie klingen alle erstaunlich überzeugend.

Um das Gen ebenfalls evolutionär definieren zu können, weist Dawkins zurecht darauf hin, daß es eine allgemeine und von allen akzeptierte Definition dieses Schlüsselbegriffs der modernen Biologie nicht gibt. (Das war damals richtig und trifft bis heute noch zu.) Immer schon gab es viele Biologen, die mit einseitigen Feststellungen der Art »ein Gen ist ein Stück DNA« oder »ein Gen ist ein Ort auf einem Chromosom« nicht zufrieden waren und mehr die Funktionen berücksichtigt sehen wollten, die auch mit in dem Gen stecken. Dawkins greift auf eine Definition des Biologen George C. Williams zurück, indem er schreibt (was er im Anschluß daran ausführlich rechtfertigt):

»Ein Gen ist definiert als jedes beliebige Stück Chromosomenmaterial, welches potentiell so viele Generationen überdauert, daß es als eine Einheit der natürlichen Auslese dienen kann.«

So harmlos dies vielleicht klingt und so einleuchtend diese Präzisierung der traditionell als Vererbungseinheit gedachten Größe wirkt, mit diesem Gen kann Dawkins seinen Plan ausführen, der darin besteht, die Leser von der Wahrheit der folgenden Sätze zu überzeugen, mit denen sein Buch – nach einem kurzen Auftakt – beginnt. Dawkins serviert den folgenden Paukenschlag ganz weit vorne:

»Wir sind Überlebensmaschinen – Roboter, blind programmiert zur Erhaltung der selbstsüchtigen Moleküle, die Gene genannt werden. Dies ist eine Wahrheit, die mich immer noch mit Staunen erfüllt. Obwohl sie mir seit Jahren bekannt ist, scheine ich mich niemals an sie gewöhnen zu können, und eine meiner Hoffnungen geht dahin, daß es mir gelingen möge, auch andere in Erstaunen zu versetzen.«

Piccoloflöten also nach dem Paukenschlag, der Menschen zu blinden Robotern von egoistischen Genen macht, was man auf jeden Fall als starkes Stück bezeichnen muß. Damit nun an dieser Stelle kein Zweifel aufkommt – der

Schreiber dieser Zeilen hält die »Wahrheit« von Dawkins für baren Unsinn. Allerdings wird damit das Buch von Dawkins nicht Unsinn, das sich ja die vertrackte und schwierige Aufgabe gestellt hat, zu erklären, wie altruistisches Verhalten im Laufe der Evolution entstehen kann. Das egoistische Gen – die Gedanken, die Dawkins in seinem Buch vorträgt – ist trotz aller Vorbehalte der beste Vorschlag, den die Biologie hervorgebracht hat, und Dawkins versteht es meisterhaft, die Evidenz und die Argumente zu präsentieren. Man lese nur etwa seine Beschreibung, wie die ansteckende Krankheit namens Brutfäule, unter der Honigbienen leiden, zu der Beobachtung benutzt werden kann, daß es tatsächlich sinnvoll sein kann, von »Genen für bestimmte Verhaltensweisen« zu sprechen und wie dabei klar wird, daß altruistisches Verhalten tatsächlich vererbt wird und damit zur Evolution gehört und von ihr hervorgebracht wird.

In seinem Bemühen, alles in einen evolutionären Kontext zu stellen, läßt sich Dawkins von seinem Schwung verleiten, aus dem biologischen Leben herauszutreten und sich in die Arena der Kultur zu begeben. Und hier entdeckt er ebenfalls Replikatoren, wie es die Gene sind. Gemeint sind »Einheiten der kulturellen Vererbung«, für die Dawkins – in Anlehnung an den kurzen alten Begriff des Gens – die Bezeichnung Mem einführt, das er vom lateinischen *memoria* ableitet: »Beispiele für Meme sind Melodien, Gedanken, Schlagworte, Kleidermoden, die Art, Töpfe zu machen oder Bögen zu bauen.« Wie die Gene replizieren sich die Meme, und wenn auch nicht weiter beschrieben werden soll, was Dawkins seinem Kinde alles zumutet, so darf doch erwähnt werden, daß sein Begriff anfängt, Karriere zu machen und seinen Platz in der Fachsprache gefunden hat.

Überhaupt hat Dawkins Erfolg mit seinen Wörtern, und inzwischen ist sogar das legendäre *Oxford English Dictio-*

nary dazu übergegangen, den alten Bedeutungen von »egoistisch« eine neue hinzuzufügen. Wie Dawkins selbst in den »Nachbemerkungen« zu neueren Auflagen seines Longsellers mit Stolz vermerkt, findet sich in der letzten Auflage des englischen Dudens (2002) folgende Ergänzung zu »egoistisch«:

»Von einem Gen oder genetischem Material: neigt dazu, beibehalten zu werden oder sich zu verbreiten, obwohl es keine Auswirkung auf den Phänotyp hat«, das sich also in dem äußeren Erscheinungsbild eines Organismus nicht zu erkennen gibt.

So schön es ist, wenn naturwissenschaftliche Einsichten in die Sprache eingehen, ganz wohl kann es einem bei der Umwertung von »egoistisch« nicht sein. Und haben wir für das, was das *Oxford English Dictionary* umschreibt, nicht ein anderes Wort, nämlich Solipsismus? Vielleicht hat Dawkins keine egoistischen, sondern solipsistische Gene beschrieben, die nur auf ihre eigene Existenz reagieren und den Rest für irritierendes Beiwerk halten. *Das solipsistische Gen* wäre genauso spannend geworden wie *Das egoistische Gen*, aber es hätte sich sicher nicht so gut verkauft.

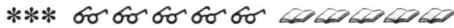

ÜBRIGENS *Das egoistische Gen* hat von Anfang an vor allem im englischsprachigen Raum eine Vielzahl energischer Kritiker gefunden, die zwar wie Dawkins im evolutionären Prozeß das entscheidende Geschehen sehen, das Verhaltensweisen hervorgebracht hat – einschließlich solche des Menschen –, die aber andere – und eher kompliziertere – Mechanismen heranziehen wollen, um die Details herzuleiten. Besonders unzufrieden mit der von Dawkins betriebenen Rückführung auf egoistische

194

Gene ist der mit der Universität von Harvard verbundene amerikanische Paläontologe und Intellektuelle Stephen J. Gould (1941–2002). Er hat so viele Bücher geschrieben, daß es fast unvermeidlich ist, eines von ihnen in den Kanon aufzunehmen. Das Wort unvermeidlich ist dabei mit Bedacht gewählt worden, weil zu Goulds Grundüberzeugungen die Ansicht gehört, daß Fortschritte in der Evolution nur eine Illusion sind (darüber hat er ein ganzes Buch geschrieben, *Illusion Fortschritt*). Er wird wütend, wenn jemand behauptet, daß die Evolution unvermeidlich zum Menschen hinführt, und er setzt dieser Annahme seine eigene Überzeugung entgegen, die er sogar als sein Mantra bezeichnet:

»Menschen sind nicht das Endergebnis eines vorhersehbaren Evolutionsfortschritts, sondern ein zufälliger kosmischer Nachzügler, ein winzig kleiner Zweig an dem unglaublich üppigen Busch des Lebens, der, würde er ein zweites Mal aus dem Samen heranwachsen, mit ziemlicher Sicherheit nicht noch einmal diesen Zweig oder überhaupt einen Zweig mit einer Eigenschaft, die wir Bewußtsein nennen könnten, hervorbringen würde.«

So steht es in dem Band *Ein Dinosaurier im Heuhaufen,* aber damit haben wir immer noch nicht das Buch gefunden, das wir an dieser Stelle aufnehmen wollen. Kenner von Gould würden jetzt auf den *Daumen des Pandas* tippen, in dem er unter anderem Dawkins angreift mit dem Hinweis: »Es gibt kein Gen ›für‹ so unzweideutige Teile der Morphologie wie die linke Kniescheibe oder einen Fingernagel. Körper können nicht in Teile atomisiert werden, von denen jeder durch ein einzelnes Gen aufgebaut wird. Hunderte von Genen tragen zum Aufbau der meisten Körperteile bei«, und so weiter.

Was an Gould bewundert werden muß, ist seine Souveränität auf vielen Gebieten. Als Einstieg scheint es jedoch ratsam, ein Buch auszuwählen, das sich auf ein einzelnes Thema konzentriert, wobei Gould es sicher angemessen gefunden hätte, wenn wir zu lesen empfehlen, was er über den Menschen und seine Erforschung schreibt. *Der falsch vermessene Mensch* von 1981 (deutsche Ausgaben bei Birkhäuser und Suhrkamp stammen aus den Jahren 1983 und 1988) handelt von dem Umgang der sich gerne exakt nennenden Wissenschaften mit dem Menschen. Gould stellt Schädel-, Kopf- und Intelligenzmessungen vor, die vor allem das Ziel hatten, Minderwertigkeit zuordnen zu können. Und er zeigt nicht nur, warum sie nicht stimmen, sondern wie sie falsch geworden sind:

»Ich kritisiere den Mythos, die Wissenschaft sei selbst ein objektives Unterfangen und werde nur dann richtig betrieben, wenn Wissenschaftler die Zwänge ihrer Kultur abstreifen könnten und die Welt so sähen, wie sie wirklich ist.«

Goulds Blick auf die Welt zeigt sicher nicht, wie sie wirklich ist. Er zeigt aber, wie verwoben sie sein kann.

**** 𝕆𝕆 𝕆𝕆 𝕆𝕆 𝕆𝕆 ⬳⬳⬳⬳

Edward O. Wilson
Der Wert der Vielfalt

Bernhard Grzimek
Serengeti darf nicht sterben

Die amerikanische Originalausgabe ist 1992 unter dem Titel *The Diversity of Life* in der Belknap Press der Harvard University Press (Cambridge, USA) erschienen, und zwar in einer internationalen Reihe mit der Bezeichnung *Questions of Science,* die mit dem Ziel gegründet wurde, den Lesern Kenntnisse »in Grenzbereichen unseres Wissens« und »ein Gefühl für unseren Platz im Kosmos zu vermitteln«. Außer dem amerikanischen Verlag haben sich daran u. a. die Editions Odile Jacob* aus Paris und der Piper Verlag aus München beteiligt. Hier ist 1995 die deutsche Übersetzung erschienen, die heute als Taschenbuch vorliegt.

Edward O. Wilson ist am 10. Juni 1929 in Birmingham geboren worden, das im amerikanischen Bundesstaat Alabama liegt. Er hat erst Biologie an der Universität von Alabama studiert, um dann an die Harvard Universität zu wechseln, wo er 1955 seinen Doktorgrad in diesem Fach erwerben konnte. Der Wunsch, das Leben in seiner Vielfalt zu erkunden und zu erforschen, ist fest in dem siebenjährigen Knaben verwurzelt worden, der 1936 die Gelegenheit hatte, den Sommer an der Ostküste Floridas zu verbringen. Er empfand jede Tierart »als ein Wunder, das ich untersuchen mußte«, wie Wilson 1984 in dem Buch *Biophilia* geschrieben hat, in dem es um die tiefe Neigung (*Biophilie*) von Menschen zu anderen Lebensformen geht (wobei Wilson merkwürdigerweise wenig zwischen Spinnen und Läusen auf der einen und Goldhamstern und Kanarienvögel auf der anderen Seite unterscheidet).

---

* Odile ist die Tochter von François Jacob (s. S. 77).

Als *Biophilia* erschien, war Wilson nicht nur längst Professor in Harvard, sondern auch ein bewunderter Autor, der vor allem durch seine Forschungen an Ameisen berühmt geworden war.[*] 1971 war sein Standardwerk *The Insect Societies* erschienen. So groß die Verehrung für Wilson war, so heftig fiel die gehässige Kritik aus, die ihn 1975 traf, als sein wahrscheinlich nachhaltigstes Werk mit dem Titel *Sociobiology – The New Synthesis* erschien. Hierin unternimmt Wilson den Versuch, das menschliche Sozialverhalten auf genetischer und evolutionärer Basis zu erklären, und er macht keinen Hehl aus seiner Überzeugung, daß alle Soziologie Sozibiologie werden muß, um irgend etwas von Bedeutung sagen zu können. Seine Gegner antworteten nicht nur wortgewaltig – 1978 wurde ihm während eines Vortrags in Washington ein Eimer mit Wasser über den Kopf geschüttet, wobei die Demonstranten »Wilson, Du irrst gewaltig« skandierten. Inzwischen verläuft die Debatte in ruhigeren Bahnen, und Wilson, der im persönlichen Gespräch eher schüchtern wirkt, schreibt in Boston weitere Bücher, in denen er sich sowohl um ein forschendes Verständnis des Lebens als auch um die Vermittlung dieses Verstehens bemüht – zuletzt unter dem merkwürdigen Titel *Consilience*, den man mit *Einheit des Wissens* übersetzt hat. Ob *Konzilianz* besser gewesen wäre, bleibt offen, da beide Wörter in beiden Sprachen kaum genutzt werden.

---

[*] Anzumerken ist, daß Wilsons kindliche Begeisterung für das Leben im Meer zu einem Unglück geführt hat. Einmal ist ein Angelhaken in seinem rechten Auge gelandet. Seitdem kann er nur noch mit dem linken etwas sehen.

Wenn es einen Punkt gibt, in dem sich die viele unterschiedlichen Stimmen einig sind, die im Konzert der modernen Biologie zu hören sind, dann betrifft es die Vielfalt der Arten, die es unbedingt zu verteidigen und zu erhalten gilt. Um die Bedrohung des Artenreichtums und das Überleben des Menschen geht es auch in *Der Wert der Vielfalt,* das erst ausführlich die »Entfaltung der Biodiversität« schildert und anschließend auf den »Einfluß des Menschen« eingeht. Wilsons Buch ist von Kritikern als nahezu perfekte Einführung in die Probleme beschrieben worden, die sich in Zusammenhang mit der bedrohten Mannigfaltigkeit des Lebens stellen. Seine mitreißenden Beschreibungen von vielen Forschungsbemühungen, die an dieser Stelle einsetzen, sind schon bei dem Erscheinen der amerikanischen Originalausgabe in höchsten Tönen gelobt worden, und an dieser Stelle darf auch einmal ein Lob an die Übersetzer – in diesem Fall ist es Thorsten Schmidt – ausgesprochen werden, die helfen, die Lektüre von nicht immer ganz leicht zu lesenden Büchern zu einem Lesevergnügen zu machen.

Wilsons Hinwendung zum *Wert der Vielfalt* gewinnt vor allem dann an Überzeugungskraft, wenn er sich den wenigen winzigen noch unberührten Arealen der Natur nähert und hier seinem Leser anschaulich vor Augen führt, daß sich auch in diesem kleinen Rahmen die Dramen des Lebens abspielen und der evolutionär betrachtet unvermeidliche Kampf um die Ressourcen – und damit um das Überleben – ausgetragen wird. Man kann Wilson als den letzten Romantiker der noch nicht von Menschenhand beeinflußten und gestalteten Natur bezeichnen, nur daß bei ihm die großen und stets gewaltig wirkenden Naturszenen des 19. Jahrhunderts mit ihrem dramatischen Einschlag durch winzige und präzise Naturbilder mit stammesgeschichtlichem Hintergrund und Hintersinn abgelöst worden sind.

Wunderbar sind die Naturbilder allemal, die Wilson liefert und die das Buch so spannend und durchdringend machen, und dieser Punkt ist deshalb besonders zu betonen, weil hier eine Kritik eingefügt werden soll, die über Wilsons Buch hinausgeht und grundsätzlich das populäre Verständnis der Artenvielfalt und ihres Verschwindens betrifft.

Wenn nämlich von dem Aussterben von Arten die Rede ist, dann müssen zwei Dinge auseinander gehalten werden. Da ist zum einen das katastrophale Verschwinden der Vielfalt, so wie Wilson sie darstellt. Da ist zum anderen der hohe Wert, den wir der existierenden Mannigfaltigkeit in der Natur beimessen. Wenn ein Wissenschaftler vom Verschwinden einer Größe spricht, erwartet man von ihm, daß er sie als Quantität messen kann und dazu Zahlen vorlegt. Nur wirken diese Gebilde stets genauer, als sie sein können. Auf diese Weise gerät Wilson – wie die meisten Mitglieder seiner Zunft – ab und an einmal ins Schleudern, was aber den Wert nicht verringert, den *Der Wert der Vielfalt* hat.

Der Wert eines Gegenstandes ist etwas anderes als seine meßbare Größe. Es geht nicht um Quantitäten, und niemand wird ausrechnen wollen, was Vielfalt in Euro kostet. Der Wert der Artenvielfalt – oder auch der Wert einer Wiese oder eines unbegradigten Flußlaufes – wird uns nicht durch vom Verstand her begründete Begrifflichkeiten, sondern durch die psychologische Funktion zugänglich, die wir mit dem nicht ganz ungefährlichen Wort »Gefühl« bezeichnen, also mit einem Begriff, der in Wissenschaftskreisen nur wie der Vorname einer Gefühlsduselei gehandelt wird. Nur mit Hilfe des Gefühls, verstanden als rationale Qualität des Menschen, die zu seinem logischen Verstand komplementär ist und ihn folglich ergänzt, können wir den Wert der Vielfalt erfassen. Und die Chancen, daß wir dieses Gefühl einsetzen, steigen, wenn wir mit den geeigneten Bildern versorgt und die Probleme in diesem Sinne für uns anschaulich werden. Genau dies tut Wilson in seinem Buch, wie bereits erwähnt, und zwar großartig. Sein Werk ist insofern ein Beitrag zu einer Ästhetik der Natur, die uns an den Begriff des Naturschönen erinnert, mit dessen Hilfe die Kräfte freigesetzt werden können, die das »Überleben des Menschen« sichern. Wilson kann gar nicht romantisch genug sein und gar nicht genug Naturbilder liefern, um seine Artgenossen anzusprechen und in die richtige Richtung zu bewegen.

Nun muß man Wilson als einen Wissenschaftler der alten Schule bezeichnen, und der ist es nicht gewohnt, sich auf die Darstellung von Qualitäten zu beschränken. Vielmehr meint er, eine Sache erst dann gut vorgestellt und verstanden zu haben, wenn genügend Zahlen und Relationen zu dem Thema bekannt sind. Und Wilson kann auch der Versuchung nicht widerstehen, numerischen Angaben eine besondere Weihe zu verleihen, indem er sich etwa auf sogenannte Areal-Kurven einläßt. Sie besagen in mathematischer Form, daß die Artenzahl (S) für ein gegebenes Areal (A) proportional zu der Größe dieses Gebietes ist, nachdem dies mit einem geeigneten Exponenten (z) potenziert worden ist. Also ist $S = C \cdot A^z$, wobei C und z als konstante Größen verwendet werden.

Das hört sich für den einen zu schwer und für den anderen zu leicht an, und beide haben recht. Für Laien bleibt die Relation unverständlich, und Experten halten sie schon länger für nichtssagend und auf keinen Fall geeignet, Hilfestellung bei der schwierigen Aufgabe zu geben, für die Wilson sie braucht, nämlich als Werkzeug für die genaue Abschätzung von Aussterberaten. Er beschwört zum Beispiel im Jahre 1995 folgendes genau:

»Wenn die Vernichtung des Regenwaldes mit der gegenwärtigen Rate fortschreitet, dann wird im Jahre 2002 die Hälfte des heute noch erhaltenen Regenwaldes verschwunden sein«, was zum Glück nicht eingetroffen ist. Wilson fährt dann fort: »Dies führt zu einem Gesamtverlust an Arten, der zwischen zehn Prozent und 22 Prozent liegt. Geht man von einem mittleren Wert aus, erhält man für diese Zeitspanne eine kumulierte Aussterberate von 19 Prozent«, woraus nach ein paar weiteren Annahmen bald folgt, daß in den nächsten Jahrzehnten mit einem »Untergang von mindestens fünf bis zehn Prozent aller Arten der Erde« zu rechnen ist.

Damit läßt sich dann der bekannte Schluß ziehen, daß wir uns zur Zeit mitten in einer Phase der höchsten Extinktionsrate befinden. Wir erleben und betreiben, so meint man, das größte Aussterben (Extinktion), das die Erdgeschichte kennt. Doch aus den bekannten Daten ist diese Behauptung nicht zu rechtfertigen, und die ihr zugrunde liegenden Zahlen sind mehr Phantasie als Fakt.

Gerüchten zufolge zeigen sich ökologisch orientierte Biologen im privaten Gespräch längst skeptisch, was die hohen Aussterberaten angeht, die sich in vielen Publikationen finden. Aber sie vertrauen ihre Zweifel der Öffentlichkeit nicht lautstark an, um nicht das falsche Signal zu setzen, daß alles gar nicht so schlimm und nichts Böses für die Zukunft zu befürchten sei. Akzeptiertes Ziel aller schiefen Zahlen ist dabei vermutlich die Botschaft, daß man die Natur am besten sich selbst überlassen und keine weiteren Eingriffe vornehmen soll.

Natürlich ist der Raubbau, den Menschen vielfach mit der Natur treiben, schlimm und bedrohlich, wie jeder spüren kann. Und natürlich wünscht man sich immer häufiger, daß wir gelassener werden und also mehr lassen als tun. Aber der Glaube, daß eine sich selbst überlassene Natur schon alles richten wird, ist ebenso naiv wie die Annahme, daß alle Probleme durch technische Lösungen in den Griff zu bekommen sind. Es war doch die Natur allein, die den Menschen hervorgebracht hat, der nun in sie eingreift. Wenn er heute dabei zu weit geht, dann vielleicht deshalb, weil seit vielen hundert Jahren das Gebot der Nützlichkeit alle anderen Themen in den Hintergrund gedrängt hat. Aus diesem Grund haben wir die Kreissäge erfunden, die nun Regenwälder abholzt, um Brennholz und andere nützliche Dinge – etwa Möbel – zu bekommen. Was sich ändern muß, ist die Betonung der Nützlichkeit, die nur zur Ausnutzung der Natur führt. Was an ihre Stelle treten kann, ist die Schönheit, die Bewunderung und Erleben von Natur ermöglicht. »Der Wert der Vielfalt« erschließt sich vor allem der sinnlichen Erkenntnis, also auf ästhetischen Pfaden. Die Natur anschauen und erleben wird wichtiger als das Berechnen der Flächen, die sie einnimmt. Wilson zeigt den Lesern, wie dies möglich ist.

**** 𝒢 𝒢 𝒢 𝒢 ✐✐✐✐

ÜBRIGENS Die Idee des Naturschutzes hat schon sehr früh einen visionären Fürsprecher in Deutschland gehabt, der auch ein großes Publikum erreicht hat. Gemeint ist der aus Schlesien stammende Bernhard Grzimek (1909–1987), der nach dem Zweiten Weltkrieg für den Wiederaufbau des Zoologischen Gartens in Frankfurt am Main gesorgt hat und als dessen Direktor bekannt geworden ist.

Als Grzimek in den 1950er Jahren Reisen nach Afrika unternahm, fiel ihm auf, daß die Menschen dort so wenig Rücksichten auf die Lebensgrundlagen der Tiere nahmen, daß deren Existenz gefährdet schien. Es war vielfach *Kein Platz für wilde Tiere,* wie Grzimek in seinem ersten Buch festhielt, das bald verfilmt wurde. Mit den dabei erzielten Gewinnen unterstützte Grzimek die Behörden von Tanganjika, die auf ihrem Territorium – genauer: in der Serengeti – einen Nationalpark einrichteten, um der heimischen Tierwelt Schutz zu bieten. Doch bei der Grenzziehung orientierte man sich mehr an menschlichen Interessen als an tierischen Wanderbewegungen, die Grzimek in den folgenden Jahren mit seinem Sohn Michael erkundete. *Serengeti darf nicht sterben* lautete das Ziel der Grzimeks, und so hieß auch das Buch, das 1959 im Ullstein Verlag erschien und das Interesse der Öffentlichkeit auf die Tatsache lenkte, daß Naturschutz not tut. Menschen gefährden oft Tier- und Pflanzenwelten, weil sie an ihren Nutzen und nicht an deren Schönheit denken. Die Schönheit der Natur und die damit unübersehbare Schutzwürdigkeit ist also das Thema von *Serengeti darf nicht sterben,* und zwar sowohl des Buches als auch des gleichnamigen Films, der 1960 fertig und mit einem Oscar für den besten Dokumentarfilm ausgezeichnet wurde.

Grzimek ist in seinen Werken der erste, der den Menschen den Eigenwert der Tiere zeigt und klarmacht, daß eine Schutzzone nicht unsere Bedürfnisse, sondern deren Eigenheiten berücksichtigen muß. Der Serengeti-Nationalpark umfaßt heute rund 30 000 km². Zwei Teilgebiete sind inzwischen zum Weltnaturerbe und zwei andere Areale zum Biosphärenreservat erklärt worden. Auf dem Gelände der Serengeti befindet sich ein Krater mit Namen Ngorongoro. An seinem Fuß liegt Grzimek begraben – neben seinem Sohn Michael, der bei den Dreharbeiten zu *Serengeti darf nicht sterben* tödlich verunglückt ist.

*** 🐂 🐂 🐂 🐂 🐂   🐖 🐖 🐖 🐖

21

Matt Ridley
Alphabet des Lebens

Evelyn Fox-Keller
Das Jahrhundert des Gens

ZUM BUCH Die Originalausgabe mit dem kürzeren Titel *Genome* – dem angelsächsischen Wort für Genom – ist 1999 erst in England bei Forth Estate Limited und dann in den USA bei HarperCollins Publisher in New York erschienen. Die deutsche Ausgabe hat der Claassen Verlag mit dem Untertitel *Die Geschichte des menschlichen Genoms* herausgebracht. Im Englischen ist wörtlich von der *Autobiographie unserer Spezies in 23 Kapiteln* die Rede, wobei diese Zahl durch die Menge der Chromosomen bestimmt ist, die in einer menschlichen Zelle zu finden sind.

ZUM AUTOR Matt Ridley ist Engländer. Er hat Zoologie an der Universität von Oxford studiert und dort erst seinen Master und dann seinen Doktor gemacht. Nachdem dies 1983 gelungen war, ist Ridley Journalist geworden. Er hat viele Jahre für *The Economist* gearbeitet und dabei unterschiedliche Positionen besetzt, zu denen auch der des »Science Editors« gehörte. Daneben ist Ridley als Kolumnist für *Sunday Telegraph* und *Daily Telegraph* in Erscheinung getreten. Er lebt zur Zeit in Newcastle upon Tyne und leitet hier hauptamtlich das »International Centre for Life«. Damit wird ein Wissenschaftspark bezeichnet, der mit einem Budget von 68 Millionen Pfund ausgestattet ist und die wissenschaftliche Bildung für Jung und Alt voranbringen soll. Wenn es seine Zeit erlaubt, unterrichtet Ridley Genetik als Visiting Professor am Cold Spring Harbor Laboratorium in New York, dessen Präsident James Watson ist, der Autor der *Doppelhelix*. Ihm ist Ridleys letztes Buch gewidmet (»Für Jim«), das 2003 erschienen ist und unter dem Titel *Nature via Nurture* die alte Frage erörtert, was mehr und nachhaltiger zur Menschwerdung beiträgt, die Gene oder die Umwelt.

Ridley veröffentlichte sein erstes Buch 1993. Damals erschien *The Red Queen* – also die Rote Königin –, die nach einer Figur aus Alice im Wunderland benannt ist, was in der deutschen Übersetzung verschwunden ist, die etwas sehr reißerisch *Eros und Evolution* heißt. Auch hier geht es um die Natur des Menschen, wobei diesmal die Frage im Vordergrund steht, welche Beiträge der Sex und die durch ihn bedingte sexuelle Selektion dazu liefern. Im Rhythmus von drei Jahren folgten anschließend *The Origin of Virtue (Der Ursprung der Tugend)* und das *Alphabet des Lebens*. Ridley ist ein vielgefragter Autor (der unter anderem für *The London Times, Time, Newsweek, New York Times, Wall Street Journal* Artikel verfaßt), dessen Bücher in 23 Sprachen übersetzt worden sind, also genau so viele, wie es Kapitel im Genombuch – und damit Chromosomen – gibt.

ZUM TEXT   Wenn man darum gebeten wird, in aller Kürze zu sagen, was das herausragende wissenschaftliche Ereignis unserer Zeit ist, wird man mindestens versucht sein, mit dem Hinweis auf das Genomprojekt zu antworten, also mit dem, was die Zeitungen »Entschlüsselung des menschlichen Genoms« nennen. Seit etwa 1980 verfügen die Biologen im Prinzip über die Methoden, um die Reihenfolge der Bausteine, die zusammen die Gene des Menschen ausmachen, zu bestimmen, und seit Mitte der 1980er Jahre sind die Methoden schnell und genau (und die Computer leistungsstark) genug, um die Sequenz der drei Milliarden Buchstaben, die es dabei zu lesen gilt, offenzulegen. Genau dies ist inzwischen gelungen, wenn man den offiziellen Berichten aus Wissenschaft, Wirtschaft und Politik glauben darf, auf die jeder angewiesen ist, der genug Lesestoff zu bewältigen hat und daher auf diese drei Milliarden Buchstaben gerne verzichtet. James Watson hat gesagt, daß man zwar nur 50 Jahre gebraucht hat, um von der

Entdeckung der DNA-Struktur zu der Entzifferung des menschlichen Genoms zu kommen, aber daraus folge nicht, daß man eine ähnlich kurze (!) Zeit brauche, um den Text lesen zu lernen. Er rechnet eher mit 500 Jahren, bis die Fragen beantwortet werden können, was denn eigentlich in unserem Genom steht bzw. was die Gene über den Menschen verraten bzw. was die Wissenschaft nicht über das weiß, was Gene sind, sondern über das, was sie bewirken.

Wer dies wissen will, sollte weniger Nachrichten aus den Werkstätten der professionellen Sequenzierer und mehr Ridley lesen. Tatsächlich hätte niemand auf das Ende der Genomprojekte warten müssen, sondern gleich das *Alphabet des Lebens* aufschlagen sollen, dessen Aufnahme in diesen Band gleichwohl riskant ist. Sein Erscheinungsdatum hat ihm nämlich noch keine Chance gelassen, einen wirklich ausreichenden Test der Zeit zu bestehen. Zum Glück läßt sich Ridley nicht von den vielen leichtfertigen Versprechungen und Ankündigungen beirren, die Genforscher heute routinemäßig machen, um ihre staatlichen und privaten Geldgeber zu motivieren. Und wenn die Einschätzung zutrifft, daß wenigstens ein Buch über die moderne Genomforschung in einem Wissenschaftskanon vorhanden sein sollte, kann man sich nur unter kürzlich erschienenen entscheiden, und da gefällt Ridleys Genom am besten.

Zu Beginn seines Buches beschreibt Ridley das von ihm benutzte Verfahren zur Komposition des Textes, wobei er zunächst erläutert, worum es geht, nämlich um die 23 Chromosomen (genauer: Chromosomenpaare) einer menschlichen Zelle, die zusammen das humane Genom ausmachen. 22 von diesen Chromosomen werden von der Wissenschaft durch Ziffern benannt, wobei das größte Chromosom die kleinste Ziffer und das kleinste Chromosom die größte Zahl zugewiesen bekommt. Bei diesem Verfahren gibt es allerdings eine (berühmte) Ausnahme, nämlich die beiden geschlechtsbestimmenden Chromosomen, die nach ihrem Aussehen X und Y heißen. Das X-Chromosom würde seiner Größe nach zwischen Nr. 8 und Nr. 9 liegen, und das Y-Chromosom wäre das Schlußlicht, was von Männern oft als peinlich empfunden wird. Frauen verfügen nämlich über zwei (relativ große) X-Chromosomen, während Männer sich durch das Paar XY auszeichnen, also mit weniger DNA ausgestattet sind. (Ob es der Natur deshalb leichter fällt, Männer entstehen zu lassen, bleibt offen; Quantität und Qualität sind zwei verschiedene Dinge.)

Ridley notierte sich nun auf einem Blatt Papier die 22 Ziffern und das Buchstabenpaar XY und überlegte, ob er entsprechend dazu 23 Themen auflisten könnte, die zum Menschen gehören und ihn interessieren. Es ist natürlich keine Frage, daß zur Natur des Menschen mehr als 23 Eigenschaften gehören, und Ridley konzentrierte sich auf Qualitäten, die in der wissenschaftlichen Literatur angesprochen werden, wenn es um genetisch bedingte Merkmale geht. Seine Liste beginnt mit Leben und setzt sich über Spezies, Schicksal, Umgebung, Intelligenz und Krankheit bis zu Sex, Gedächtnis, Unsterblichkeit und dem Freien Willen fort. Jedes dieser Themen wird einem Chromosom zugeordnet, wobei Ridley darauf achtet, daß sich auf ihm der Ort für ein Gen befindet, das sinnvoll mit der humanen Sphäre verknüpft werden kann. Dies wirkt zugleich willkürlich und wunderbar und ergibt in der Summe eine Darstellung der Genetik, die nicht nur von technischen Kenntnissen und molekularen Einsichten handelt, sondern immer im Blick behält, was daraus für das Verständnis des Menschen folgt. Ridleys Buch berichtet also gleichzeitig über die Wissenschaft und uns selbst, und es ist so gut geschrieben, daß es mit einiger Wahrscheinlichkeit nicht leicht und erst recht nicht so schnell von neuen Daten eingeholt und überholt wird.

Bevor Ridley ernst macht mit den Eigenschaften des Menschen, bietet er dem Leser einen Crash-Kurs in Genetik an. Was sonst eher daneben geht und alle unbefriedigt zurück läßt, macht hier Sinn, und anschließend ist man mit genügend genetischem Grundwissen ausgerüstet, um endlich an die Probleme des Menschen zu gehen, zu denen natürlich auch Krankheiten gehören. Aber anders als in vielen populären Büchern über die moderne Genetik stehen sie bei Ridley nicht im Mittelpunkt des Geschehens. Menschen sind ja trotz aller Wehwehchen meistens gesund, und also müssen Gene mehr können als Krankheiten verursachen. »GENES ARE NOT THERE TO CAUSE DISEASES«, wie der Leser mit großen Buchstaben immer wieder ermahnt wird. Tatsächlich hat die Evolution Gene nicht hervorgebracht, um Menschen leiden zu lassen, sondern um sie leben und erleben zu lassen, und es ist ungeheuer spannend, Antworten auf die Frage zu suchen, wie unsere Erbanlagen dies tun.

Ein in der Vergangenheit häufig heftig diskutiertes Gebiet stellt die Intelligenz des Menschen dar. Wer wissen will, welchen Beitrag die Gene dazu liefern, sollte sich daran erinnern, daß es lange gedauert hat, bis solch eine Frage überhaupt akzeptabel war und gestellt werden konnte. In den 1960er Jahren herrschte die Milieutheorie vor, die von der (auch genetischen) Gleichheit aller Menschen ausging und alle Unterschiede zwischen ihnen auf Elternhaus und Erziehung zurückführte, um es eher vornehm auszudrücken und soziologische bzw. klassenkämpferische Töne zu vermeiden. Inzwischen ist der Einfluß des genetischen Materials an dieser Stelle unbestritten, ohne daß man genau wüßte, was da genau passiert bzw. bekannt ist. Bei Chromosom 6 ist es soweit, daß die Intelligenz zur Sprache kommt (noch vor dem Instinkt), und Ridley führt den Leser erst elegant durch die Schwierigkeiten, Intelligenz zu definieren und zu messen (»Intelligenz ist, was ein IQ-Test ermittelt«, hieß früher der Ausweg aus dem Dilemma), bevor er auf dem langen Arm von Chromosom 6 ankommt. Hier sitzt ein Gen – ein langes Stück DNA –, das die Biologen mit der wenig poetischen Bezeichnung *IGF2R* bedacht haben, wodurch man vor allem erfährt, daß es in der Forschung systematisch zugeht, wenn Namen verteilt werden. Von dem Gen ist eine Menge bekannt – seine genaue Länge, seine präzise Position, seine detaillierte Mosaikstruktur und manches mehr. Ridley liefert all diese Informationen, und er tut dies, um zu erläutern, warum es zwar gute experimentelle Gründe gibt, das Gen mit der Intelligenz seines Trägers zu verbinden, warum es aber trotzdem abwegig ist, von einem »Intelligenz-Gen« zu sprechen. Dabei erfahren wir, daß das Gen schon bekannt war, bevor die Intelligenzforscher es aus dem Genom fischten, allerdings in Verbindung mit Leberzellen, die krebsanfällig waren.

Wer über diese Wendung (zurecht) verblüfft ist, wird wissen wollen, was Leber, Krebs und Intelligenz verbindet, und der beste Rat ist, bei Ridley nachzulesen, der darüber hinaus nicht vergißt, daß das hier ins Auge gefaßte Gen längst in einer anderen Fachrichtung bekannt war, nämlich bei den Biochemikern. Sie wußten, was das Protein kann, das die Zelle mit Hilfe des Gens herstellt. Es stellt so etwas wie einen molekularen Lieferwagen dar, der den Verkehr anderer Stoffe in der Zelle regelt.

Wer über diese erneute Wendung (wieder zurecht) verblüfft ist, ahnt allmählich, wie verwickelt das Bemühen ist, von der Innenwelt der Gene zur Außenwelt der Menschen zu kommen, und niemand darf einfache Lösungen erwarten, weder von dem Individuum Ridley noch von der Gemeinschaft der Genetiker. Das Spektrum, das im *Alphabet des Lebens* abgedeckt wird, bleibt dabei erstaunlich, es reicht von den Blutgruppen und dem erstaunlichen evolutionären Rätsel, das sie aufgeben – Wozu sind sie eigentlich da? – bis zu der Frage der Persönlichkeit, die in uns steckt und deren Neugierverhalten auf jeden Fall eine biochemische Basis haben muß. Immer argumentiert Ridley sachlich und pfiffig zugleich, wobei er sein Schreiben unter den Leitgedanken stellt, daß Wissen kein Fluch, sondern ein Segen sein kann. Und das Beste daran ist, daß der Segen Spaß machen kann – beim Lesen und im Leben.

                                                   ᘓᘓ ᘓᘓ ᘓᘓ ᘓᘓ ᘓᘓ

ÜBRIGENS   Viele Biologen sind inzwischen der Meinung, daß der neue Begriff des Genoms leichter zu fassen ist als der alte Begriff des Gens, selbst wenn es kein wissenschaftliches Wort gibt, das derzeit populärer wäre. Dabei wird wahrscheinlich kaum etwas so oft mißverstanden wie dieses Wort, das im ersten Jahrzehnt des 20. Jahrhunderts in die wissenschaftliche Literatur eingeführt wurde. Kurz nach 1900 waren die Regeln der Vererbung, die auf Gregor Mendels Beobachtungen von 1865 zurückgehen, massiv in das forschende Bewußtsein gelangt, und als Folge dieser sogenannten Wiederentdeckung etablierte sich eine neue Wissenschaft von der Vererbung, die 1906 den Namen »Genetik« erhielt. Sie untersuchte die Weitergabe von äußerlich sichtbaren Merkmalen und stellte fest, daß dieser Vorgang an das Vorhandensein von Elementen im Inneren der Zellen gebunden sein mußte. Diese Elemente bekamen bald einen wissenschaftlich angemessenen Namen – eben den der Gene – und haben inzwischen den Weg aus dem inneren Zirkel der Forschung auf das offene Feld der Wirtschaft und Politik zurückgelegt. Das Gen ist ein äußerst erfolgreicher Begriff, der zwar von immer mehr Interessenten eingekreist wird, dessen Geschichte dabei aber so offen bleibt, wie man es sich nur wünschen kann. Bislang weiß keiner zu sagen, was genau mit einem Gen gemeint sein soll, und die Wissenschaft bleibt spannend.

Wer meint, hier widersprechen zu müssen und die Antwort auf die Frage »Was ist ein Gen?« zu kennen, dem sei dringend geraten, das Buch der amerikanischen Philosophin und Wissenschaftshistorikerin Evelyn Fox-Keller zu lesen. Hier beschreibt sie unter dem Titel *Das Jahrhundert des Gens* (Campus Verlag, Frankfurt am Main, 2001) nicht nur auf zugleich knappe und klare Weise, wie ungeheuer dynamisch sich die Genetik zwischen dem Auftauchen des Wortes und dem humanen Genomprojekt entwickelt hat, sondern übt zugleich auch höchst spannend und anregend Kritik an den gängigen Vorstellungen und Redeweisen, aus denen unsere scheinbar riesengroße Kenntnis von den genetischen Mechanismen besteht und mit denen sie formuliert wird.

Die Autorin, der wir eine wunderbare Biographie der lange Zeit von einer männlich dominierten Molekularbiologie vergessenen Genetikerin Barbara McClintock verdanken, macht zunächst einmal klar, wie sehr das Gen von allem Anfang an überfrachtet worden ist. Die Wissenschaftler haben ihr Objekt der Begierde nämlich schon früh »mit einer höchst sonderbaren Konstellation von Eigenschaften« ausgestattet: »Es sollte zugleich materieller, kausaler, lebendiger und geistiger Natur sein.« So machte zum Beispiel die der Erbsubstanz zugeschriebene Fähigkeit der Selbstreproduktion, die traditionell den Organismen zugeschrieben wird, aus dem Gen etwas Lebendiges (was den Historiker stark an vitalistisches Gedankengut erinnert), und die überall zu findende Annahme, Gene steuerten die Entwicklung der sie tragenden Lebensformen, »verlieh ihm eine Art Geistigkeit – die Fähigkeit zu planen und zu delegieren«.

Vermutlich stecken mehrere Ideen dieser Art nach wie

vor in vielen Köpfen und halten hier die zahlreichen Irrtümer fest, die selbst unter Experten weit verbreitet sind und ihnen immer wieder unterlaufen, wenn sie der Öffentlichkeit zeigen wollen, wie Gene zu verstehen sind. Nahezu jeder wird zum Beispiel den Satz für richtig halten, Gene machen Proteine, also jene kompliziert gebauten Makromoleküle, mit deren Hilfe die chemischen Reaktionen einer Zelle ablaufen können. Doch ebenso nahe an der Wahrheit ist derjenige, der genau das Umgekehrte sagt, daß nämlich Proteine Gene machen. Es stimmt zudem nicht, daß Gene sich selbst reproduzieren können. Auch dazu benötigen sie Proteine. Und spätestens an dieser Stelle sollte jeder, der die Frage nach der Abhängigkeit des Menschen von seinen Genen ernsthaft diskutieren und verstehen möchte, aufmerken und sich Gedanken darüber machen, ob es überhaupt noch sinnvoll ist, davon zu reden, daß die Gene eine unserer Eigenschaften – etwa unsere Augenfarbe – bestimmen. Wenn sie nicht einmal die einfachsten Dinge alleine können, was soll dann erst mit den schwierigen werden?

Zwar suggerieren die vielen Erfolge der modernen Genforschung, die im Rahmen des Genomprojektes oder in Verbindung mit modernen Biotechnologien konkret vorhanden und nicht zu übersehen sind, daß wir immer genauer wüßten, was sich da im Inneren der Körper abspielt, wenn etwa eine Zelle sich teilt, differenziert oder entartet. Aber mit den Fortschritten der als Ingenieurswissenschaft betriebenen Genetik erwächst uns nicht automatisch und zugleich ein Verständnis der Abläufe, die sich vor unseren Augen abspielen und in die wir eingreifen. Besonders deutlich macht Fox-Keller dies am Konzept des »genetischen Programms«, das in den sechziger Jahren aufgekommen ist und sich nach wie vor allgemeiner Beliebtheit erfreut. Vielleicht gelingt es diesem Buch, die Verwendung dieser viel zu oft und viel zu gedankenlos benutzten Vokabel wenigstens ein wenig einzuschränken. Das »genetische Programm« deckt nur viele Sünden des Denkens zu, ohne daß dies jemand zugeben möchte. Da viele das Wort etwa in Verbindung mit Waschmaschinen und Kinos kennen, erweckt seine Verwendung den Eindruck, einen schwierigen Sachverhalt anschaulich und treffend beschrieben zu haben, und jeder hält sich nun für ausreichend informiert, obwohl nichts verstanden worden ist.

Wer Gene verstehen will, sollte damit anfangen, die traditionelle Frage »Wie steuern Gene die Entwicklung eines Organismus?« anders und neu zu formulieren und ihr die Form zu geben, »Wie bringen Organismen sich selbst hervor?«. Sie können dies sicher nicht ohne Gene, aber diese Gebilde mit der so herrlichen Struktur namens Doppelhelix können nur wirksam werden, wenn sie geeignet mit dem Organismus kooperieren und gemeinsam mit ihm werden und wachsen. Vielleicht müssen wir bei den Genen genau die Unterscheidung treffen, die die Romantiker für die Natur insgesamt eingeführt haben, die Unterscheidung zwischen gebildeter und bildender Natur. Die Gene sind gemachte Natur und machen sie. Der Doppelcharakter der Gene ist eigentlich so unübersehbar, daß man sich wundert, warum er nicht im Zentrum aller Überlegungen steht. Gene müssen stets gleich und verschieden sein – sie müssen zum Beispiel Menschen hervorbringen, aber jeden individuell –, Gene müssen zugleich stabil und variabel sein – stabil in einer Generation, variabel für die Evolution, und Gene lassen sich von unten – als Moleküle – und von oben – als Information – betrachten. Warum sollen Gene auch so sehr viel anders sein als die Menschen selbst? Sie sind doch ein Teil von uns.

*** 𝄐 𝄐 𝄐 𝄐 𝄐   ⌇⌇⌇

22

Jean Piaget
Biologie und Erkenntnis

Richard L. Gregory
Auge und Gehirn

Die französische Originalausgabe des Buches ist 1967 in der Editions Gallimard (Paris) erschienen; eine deutsche Übersetzung hat 1974 der S. Fischer Verlag (Frankfurt am Main) vorgelegt. Der Titel ist später in der S. Fischer-Reihe CONDITIO HUMANA – Ergebnisse aus den Wissenschaften vom Menschen – erschienen und liegt seit 1983 als Taschenbuch bei Fischer Wissenschaft vor. Die Übersetzung (von Angelika Geyer) ist dabei unverändert übernommen worden.

Jean Piaget ist am 9. August 1896 in Neuenburg (Neuchâtel) geboren worden und am 16. September 1980 in Genf gestorben. Der kleine Jean war ein außerordentlich begabtes Kind, was die Naturkunde angeht. Bereits als 13 jähriger Schüler verfaßte er Aufsätze auf dem Gebiet der Malakologie (Weichtierkunde). Bevor Jean seinen 16. Geburtstag feierte, legte er mit einem Klassenkameraden ein Verzeichnis der Froscharten seiner Heimat an.

Der jugendliche Piaget will aus innerem Antrieb wissen, wie und wodurch Verhaltensweisen entstehen, und er ist früh davon überzeugt, »in der Biologie die Erklärung aller Dinge und des Geistes selbst zu sehen«, wie er einmal geschrieben hat. Für Piaget läuft das Leben selbst wie ein kreativer Vorgang ab, bei dem man immer auf Neues gefaßt sein sollte.

Nach der Maturitätsprüfung (dem Abitur) studierte Piaget in seiner Vaterstadt Biologie, und im Sommer 1918 legte er seine Doktorarbeit über die Verbreitung der Weichtiere im Wallis vor. Im Herbst desselben Jahres ging er nach Zürich, um hier die Methoden der experimentellen Psychologie zu erlernen. Er wollte nicht nur wissen, wie sich die äußeren Strukturen der Tiere entwickeln, sondern auch, wie sich die inneren Strukturen des Denkens herausbilden.

Seine ersten Beobachtungen beeindruckten den Herausgeber der Zeitschrift *Archives de Psychologie,* Edouard Claparède, so sehr, daß er dem Autor den Posten eines »Chef de travaux« – eines Oberassistenten – anbot, und zwar am Genfer Institut Jean-Jacques Rousseau, dessen Leiter Claparède war. Piaget akzeptierte sofort, und im Frühjahr 1921 trat er seine Stelle an. In den folgenden Jahren veröffentlichte er bahnbrechende Arbeiten zur Entwicklungspsychologie.

1925 wurde er Professor für die Philosophie der Naturwissenschaften an der Universität Neuenburg. In diesem Jahr bekam seine Frau ihr erstes Kind, dem zwei weitere folgten. Bei allen dreien hat er genau beobachtet und notiert, wie sie kleine Aufgaben in experimenteller Form erst nicht und dann doch lösten, um auf diese Weise ihre geistige Entwicklung zu dokumentieren. 1929 wurde Piaget Professor für Wissenschaftsgeschichte in Genf sowie Direktor am Bureau International de l'Education, das später in die UNESCO integriert wurde. 1932 ernannte man ihn neben E. Claparède und M. Bovet zum Co-Direktor des Instituts Jean-Jacques Rousseau und bot ihm 1939 einen Lehrstuhl für Soziologie und ein Jahr später den Lehrstuhl für Experimentalpsychologie an, wobei er den zweiten Ruf annahm und die entsprechende Position bis 1971 innehatte. 1955 gründete Piaget das Forschungszentrum für genetische Epistemologie (Erkenntnislehre), an dem Logiker, Mathematiker, Physiker, Wissenschaftstheoretiker und Kinderpsychologen zusammen arbeiteten, um das Erwachen der menschlichen Intelligenz zu erkunden, das wir alle selbst erleben. Piaget hat dieses »Centre international d'épistémologie génétique« bis zu seinem Tode aktiv geleitet.

Biologie und Erkenntnis ist ein Buch *über die Beziehungen zwischen organischer Regulation und kognitiven Prozessen,* wie es sehr korrekt (wenn auch umständlich) im Untertitel heißt. Es geht darum, »die allgemeinen Probleme der Intelligenz im Lichte der zeitgenössischen Biologie« zu erörtern, wie Piaget im Vorwort schreibt. Wie in vielen anderen Texten verfolgt er das umfassende Ziel einer genetischen Erkenntnislehre, was bedeutet, daß Piaget versucht, »Erkennen, insbesondere wissenschaftliches Erkennen, durch seine Geschichte, seine Soziogenese und vor allem die psychologischen Ursprünge der Begriffe und Operationen, auf denen es beruht, zu erklären«, wie in seiner *Einführung in die genetische Erkenntnistheorie* gelesen werden kann, die 1973 erschienen ist.

Schon früh in seinem Leben hatte Piaget davon geträumt, eine enge Verbindung zwischen der Philosophie und der Biologie zu finden, um eine Erkenntnislehre in Angriff nehmen zu können, die ihm wissenschaftlich fundiert erschien. Die Suche nach einer geeigneten Form dieser Wissenschaft bringt den 23 jährigen Piaget nach Paris, wo er sich unter anderem in Psychologie und Logik einarbeitet und wo ihm eine Aufgabe gestellt wird, die seinem wissenschaftlichen Leben die entscheidende Richtung gibt, weil er den methodischen Zugang für seine Fragestellung findet.

Die Psychologen hatten damals begonnen, Kinder mit Hilfe von Intelligenztests zu untersuchen, die mit Fragebögen durchgeführt wurden. Piaget bekam die Aufgabe, sie für französische Schulkinder zu standardisieren und ihre Ergebnisse auszuwerten. Bald wurde seine Aufmerksamkeit mehr von den »falschen« als den »richtigen« Antworten gefesselt, denn Piaget bemerkte, daß die »Fehler« nicht zufällig zustande kamen. Vielmehr traten in verschiedenen Altersstufen typische Fehler auf, und er interpretierte sie als

Ausdruck einer allen Kindern gemeinsamen Entwicklung bzw. Strategie. Piaget entdeckte zum Beispiel, daß Kinder bis ins neunte oder zehnte Lebensjahr hinein den Unterschied nicht verstehen, der zwischen Sätzen wie »Alle meine Blumen sind rot« und »Einige meiner Blumen sind rot« besteht. Sie begreifen nicht, daß ein Strauß Blumen nicht völlig rot ist, wenn (nur) einzelne Teile von ihm diese Farbe haben. Piaget war begeistert, »endlich hatte ich mein Untersuchungsfeld entdeckt, denn schließlich war mein Ziel, eine Art Embryologie der Intelligenz zu entdecken, meiner biologischen Ausbildung angepaßt«.

Piaget wollte nun im Detail verstehen, wie die Kategorien des Denkens hervorgebracht werden, und er war sicher, daß dies durch die Wechselwirkung von innen und außen geschieht. Für ihn konnte der Geist kein passiver Apparat sein, der die Sinnesdaten aufnimmt, die nach einem feststehenden Muster einströmen und über die Außenwelt informieren. In Piagets Ansatz wird menschliche Intelligenz als Strategie betrachtet, mit deren Hilfe die wahrgenommene Wirklichkeit aktiv konstruiert – besser: re-konstruiert – wird. Das Gehirn bzw. der Geist ist auf der Suche nach Signalen und transformiert das von ihm Empfangene mit Hilfe seiner genetisch verständlichen Vorgaben.

Piaget vermied das Studium affektgeladener Komponenten des Erkennens und konzentrierte sich ausschließlich auf die kognitiven Fähigkeiten und die Entwicklung, die sie im Laufe der Ontogenese erfahren. Diese Idee fand spätestens im Laufe der siebziger Jahre eine große Gefolgschaft, denn »dieser Forschungsansatz erschließt der erkenntnistheoretischen Erkundung eine Goldmine, welche die Philosophen seit Jahrtausenden übersehen haben. Die Philosophie hat traditionell nur das Wissen und die Wahrheit diskutiert, die der erwachsene Geist des Menschen besitzt, ohne drauf zu achten, daß deren Ursprünge im kindlichen Geist liegen. In der ersten Hälfte des 18. Jahrhunderts hatte zwar Jean-Jacques Rousseau erkannt – nach ihm wurde das Genfer Institut benannt, dessen Direktor Piaget war –, daß die Natur es will, daß Kinder Kinder sind, bevor sie zu Erwachsenen werden, und daß die Kindheit ihr eigenes Sehen, Denken und Fühlen hat. Doch dauerte es noch bis zum Beginn unseres Jahrhunderts [gemeint ist das 20.], bevor Psychologen – vor allem James Baldwin – damit begannen, systematisch die kognitiven Fähigkeiten des kindlichen Verstandes auszuwerten und die Stufen zu bestimmen, auf denen er erwachsen wird. Doch nachdem Piaget seinen Forschungsweg eingeschlagen hatte, mußte noch ein weiteres Vierteljahrhundert vergehen, bevor seine Ergebnisse eine deutliche Wirkung im erkenntnistheoretischen Denken zeigten«, wie Max Delbrück in dem weiter vorne erwähnten Buch *Wahrheit und Wirklichkeit* geschrieben hat, in dem versucht wird, die Entwicklung des kindlichen Denkens und die Entwicklung des naturwissenschaftlichen Denkens in Einklang zu bringen bzw. das zweite aus dem ersten heraus zu verstehen.

Bleiben wir bei Piaget. Er konzentrierte seine Arbeiten zunächst auf die sprachliche Entwicklung von drei- bis vierjährigen Kindern; es gelang ihm dabei, das zu ordnen, was vorher den Eindruck eines Durcheinanders machte, nämlich die kindliche Mentalität. Bei fünf- bis sechsjährigen Kindern erkannte er, daß Kinder Schwierigkeiten haben, den Standpunkt zu wechseln. Diejenigen, die eine Schwester oder einen Bruder haben, begreifen nicht ohne weiteres, daß sie selber dann auch Bruder oder Schwester sind. Sie bleiben in einem Ego-Zentrismus stecken, der sie zum Mittelpunkt der Welt macht.

Berühmt wurden Piagets Beobachtungen an den eigenen Kindern Jacqueline, Lucienne und Laurent. Mit ihrer Hilfe wurde das empirische Material gewonnen, das in drei Bänden das Licht der wissenschaftlichen Welt erblickte. Zuerst

erschien *Das Erwachen der Intelligenz beim Kinde* (1936);
hier behandelt Piaget den Übergang von angeborenen Re-
flexen zu erlerntem Verhalten, den Kinder in den ersten 18
Monaten ihres Lebens zeigen. Danach schildert *Der Aufbau
der Wirklichkeit beim Kinde* (1945) die Intelligenzentfal-
tung des Kleinkindes, das ein Bewußtsein für Gegenstände
entwickelt und sich erste Vorstellungen von Raum und Zeit
bzw. Ursache und Wirkung macht. Im dritten Band geht es
um *Nachahmung, Spiel und Traum* (1954), womit das Zusammenwirken von Vorstellung und Denken gemeint ist,
wie es sich in Kindern abspielt.

Später hat Piaget noch mit Alina Szeminska *Die Entwicklung des Zahlbegriffs beim Kinde* und mit Bärbel Inhelder
*Die Entwicklung der physikalischen Mengenbegriffe beim
Kinde* untersucht, um nur auf einige Titel seiner zahlreichen
Veröffentlichungen hinzuweisen. Besonders gereizt hat ihn
eine Zeitlang *Die Bildung des Zeitbegriffs beim Kinde,* weil
Albert Einstein ihn auf die Besonderheiten hingewiesen
hatte, die ein so einfach wirkendes Konzept wie die Gleich-
zeitigkeit mit sich bringt.

Piaget zeigt in all seinen Arbeiten, wie die geistige Entwicklung von Kindern durch einen inneren Antrieb erfolgt.
Kinder sind bemüht, die sie umgebende Welt aktiv zu ergreifen, und sie sind in der Lage – so erkennt Piaget –, angeborene Wahrnehmungs- und Handlungsabläufe zu assi-
milieren oder zu akkommodieren. Er illustriert dies an
einem einfachen Beispiel: Stellen wir uns vor, wir bekommen durch den uns von Geburt an zur Verfügung stehenden
Greifreflex einen neuen Gegenstand – zum Beispiel einen
Schlauch – zu fassen. Dann fügen wir diesen Schlauch zum
einen in die Kategorie der greifbaren Gegenstände ein (As-
similation); wir passen zum zweiten unsere Greiftechnik
der Besonderheit seiner Form an (Akkomodation). Ein
Kind führt also zunächst konkrete Operationen aus, es *er-*

greift die Gegenstände und mit ihnen die ihm bekannte Welt. Nach und nach – so zeigt Piaget – läßt die geistige Verarbeitung dieser Handlungen ein formales Operieren zu, mit dem ein Kind die Gegenstände schließlich *be*greift.

Viele Jahrzehnte haben Piaget und seine Mitarbeiterinnen, unter denen vor allem Bärbel Inhelder und Alina Szeminska hervorzuheben sind, Beobachtung an Beobachtung gefügt und dabei die Überzeugung gewonnen, daß wir als Kinder die kognitiven Kategorien der Erwachsenen stufenweise erreichen. Die psychologischen Untersuchungen lassen vier Phasen der Intelligenz erkennen, die Kinder durchlaufen müssen und die mit dem Lebensalter zusammenhängen. Piaget hat sie in seinem Werk *Psychologie der Intelligenz* zusammengefaßt, das zuerst 1947 erschienen ist.

Zunächst – in den ersten zwei Jahren des Lebens – zeigt sich eine sogenannte *sensomotorische Intelligenz.* Alles Denken realisiert sich im Tun des Kindes. Dieser Phase folgt im Alter von drei bis sieben Jahren die Stufe, auf der Kinder lernen, mit Symbolen umzugehen und anschaulich zu denken. Piaget spricht von der *präoperationalen Stufe,* auf der Kinder lernen, mit dem Gedächtnis zu argumentieren und Analogien zu bilden. Auf der nächsten Stufe beginnt das Denken die Wahrnehmung zu besiegen. Die Kinder entwickeln Konzepte wie das der Mengenkonstanz, und zwar ganz für sich alleine, ohne daß jemand es ihnen erklärt oder vorgeführt hätte. Dieser dritten Sprosse der Leiter ins kognitive Leben hat Piaget den Namen *konkret-operationale Periode* gegeben. Sie währt über das zehnte Lebensjahr hinaus und ermöglicht es den Kindern, Reihenfolgen zu konstruieren und Ordnungen zu begreifen. Die letzte Stufe der kognitiven Reifung, die Piaget erfaßt hat, ist die *Phase der formalen Operationen.* In ihr erkennen Kinder, die älter als zwölf Jahre sind, daß die sie umgebende Welt nur eine von vielen möglichen ist. Die Jugendlichen lernen, mit Annahmen und Behauptungen zu argumentieren. Auch aus rein hypothetischen Vorgaben können sie nun unter der Anwendung deduktiver Regeln Schlüsse ziehen. Sie lernen, das Wirkliche und das Mögliche zu unterscheiden, und nach und nach gelingt es auch, wissenschaftlich zu denken. Von nun an sind die Schritte nicht mehr durch die Natur vorgegeben. Man muß die Entwicklung selbst vorantreiben, und man kann sich nach und nach von seinen biologischen Vorgaben befreien, wobei es dem Wissenschaftshistoriker Piaget auffällt, daß dieser Prozeß Jahrhunderte gedauert hat, bis er richtig in Schwung kam.

Piagets Leben ging fast völlig in Arbeit auf; in seinem Arbeitszimmer gab es nur das, was er eine »vitale Ordnung« nannte: Überall türmten sich Bücher, überall formten Manuskripte die bekannten Hügel, und auf dem Schreibtisch blieb nie mehr als eine taschentuchgroße Fläche frei, um arbeiten zu können. Auf ihr hielt er ein regelmäßiges Arbeitspensum von vier bis fünf Manuskriptseiten pro Tag durch. Dabei sind neben den vielen entwicklungspsychologischen Schriften auch eine freche Analyse von *Weisheit und Illusion der Philosophie* (1965) und eine Einführung in den *Strukturalismus* (1968) entstanden, um nur einige wenige Beispiele zu nennen. Und zwischen diesen beiden Schriften legt Piaget 1967 sein Spätwerk über *Biologie und Erkenntnis* vor, das hier empfohlen und angeführt wird. In diesem Buch entwickelt er ein Forschungsprogramm, in dessen Rahmen die Prinzipien und Gesetzmäßigkeiten erkundet werden sollten, denen die kognitiven Entwicklungsprozesse gehorchen.

Das Buch ist so etwas wie der Versuch, das Leben als einen Prozeß anzusehen, der sich selbst regelt. »Kognitive Funktionen« werden daher nicht mehr allein auf die Erkenntnisfähigkeit des Menschen bezogen, wie Piaget sie vom kindlichen vorsprachlichen Denken bis zur mathematisch-logischen Begriffsbildung erkundet hat. Sie stellten aber den Hintergrund dar, vor dem er seine Argumente entfaltet. In ihnen geht es dann ganz allgemein um den Weg, der von der Wahrnehmung der Umwelt bis zur Ausprägung von Verhaltensweisen zurückzulegen ist. Es geht also um das Verknüpfen von Erkennen und Handeln im weitesten Sinne. Piaget geht dabei ausführlich auf die Besonderheiten der menschlichen Erkenntnis ein, zu denen unsere Sprache, unsere sozialen Institutionen und die historische Überlieferung gehören. Bei allem rät er den Lesern eindringlich, von der Idee Abschied zu nehmen, man könne mit der Kultur der Natur entfliehen. Gerade weil wir ihr nicht entkommen können, müssen wir versuchen, »unter Einsatz der Wissenschaften Schritt für Schritt tiefer in [die Natur] einzudringen, weil sie, allen Philosophen zum Trotz, ihre Geheimnisse noch längst nicht preisgegeben hat und weil es vielleicht gut wäre, in die Dinge hineinzublicken, bevor man das Absolute in die Wolken verlegt«.

Alexander von Humboldt hat einmal geschrieben, die gefährlichste Weltanschauung stammt von Menschen, die die Welt nie angeschaut haben. Piaget hätte ihm recht gegeben und sich wieder der Welt zugewandt.

**** 🐚 🐚 🐚 🐚 〰〰〰

ÜBRIGENS Piagets Betonung der Wahrnehmung hätte nicht nur Humboldt im 19. Jahrhundert, sondern bereits Aristoteles gefallen, der in der Freude, die uns diese Fähigkeit bereitet, den Grund dafür sah, daß alle Menschen nach Wissen streben. Das größte Vergnügen bereitet uns dabei – in der Sicht des antiken Denkers – die visuelle Wahrnehmung der Welt, also das Sehen. Mit ihm erkennen wir auch die Welt am besten, wie es scheint. Aber verstehen wir, was dabei in uns vorgeht?

Wer sich für die *Psychologie des Sehens* interessiert, sollte auf jeden Fall zu dem Buch greifen, in dem der britische Neurologe Richard L. Gregory das Wechselspiel von *Auge und Gehirn* beschreibt. Der Text ist 1966 zum ersten Mal auf Englisch (*Eye and Brain*) erschienen, und er hat sich inzwischen zum Klassiker entwickelt, der seit 2001 als Rowohlt Taschenbuch verfügbar ist. Gregory verspricht zu Beginn des Buches, daß es »leicht lesbar sein und beim Lesen Freude bereiten« soll, und er hält sein Versprechen voll und ganz ein. Dabei umschifft er die schwierigen Fragen seines Fachs keineswegs, sondern erläutert in faszinierender Klarheit, warum zum Beispiel Babys nicht lernen müssen, die Dinge richtig herum zu sehen, obwohl die Bilder in ihren Augen auf dem Kopf stehen, und warum wir selbst uns im Spiegel zwar seitenverkehrt, aber nicht auf dem Kopf stehend erblicken. Gregory macht seinen Lesern von Anfang an klar, wo der Schwerpunkt des Buches liegt, nämlich nicht im Auge, das »ein einfaches optisches Instrument« ist, das sich schon ziemlich gut beschreiben läßt, sondern im Gehirn, dem »Motor des Verstehens«, dem eine eigentümliche Paradoxie innewohnt: »Nichts steht unseren intimen Erfahrungen näher, und dennoch ist das Gehirn geheimnisvoller als ein Lichtjahre weit entfernter Stern.«

Gregory nimmt den Leser mit auf die Reise in das Innere dieses Organs, wo das Licht in Sehen verwandelt wird, und er führt dabei nicht nur alle Tricks seines Fachs vor, sondern befriedigt auch die Wünsche seines Publikums. Besonders spannend handelt er die Verbindung von »Kunst und Wirklichkeit« ab, wobei er sowohl den Künstlern als auch den Forschern Tips gibt. Den Malern, die sich der Technik des Trompe-l'œil gewidmet haben, um eine möglichst überzeugende Illusion der Wirklichkeit zu schaffen, empfiehlt Gregory, sich mit weniger Realismus zufrieden zu geben, »als technisch möglich ist«. Und seine Kollegen aus der Wissenschaft ermahnt der Neurobiologe, besser zu untersuchen, wie Bewegungen gesehen bzw. übersehen werden, etwa dann, wenn wir unsere Position vor einem Bild ändern, während auf dem alles gleichbleibt. Offenbar hängt eine gesehene Bewegung »von der Hypothese des Beobachters über seine Körperbewegung im Raum ab«. Woraus Gregory den Schluß zieht: »Wir wissen immer noch zu wenig über die subtilen Beziehungen zwischen Sehen und Tun.«

Sehen lernen mit Gregory – eine unterhaltsamere Einführung in die Arbeit des Gehirns, das von der Welt etwas wissen will und so leicht von Künstlern und Kaffeehauswänden getäuscht werden kann, gibt es nicht. Für den Inhalt des Buches gab es früher einmal den Ausdruck der »experimentellen Philosophie«. Man möchte ihn nach der Lektüre von *Auge und Gehirn* am liebsten wieder einführen.

***

Max Born
Physik im Wandel meiner Zeit

Steven Weinberg
Die ersten drei Minuten

ZUM BUCH Das Buch ist zum ersten Mal 1966 als Band 111 der vom Verlag Vieweg (Braunschweig) publizierten Reihe DIE WISSENSCHAFT erschienen. 1983 hat der gleiche Verlag eine unveränderte Neuausgabe auf den Markt gebracht, dem sowohl ein Vorwort des Autors als auch einleitende Bemerkungen von Roman Sexl und Karl von Meyenn beigegeben waren.

ZUM AUTOR Max Born ist 1882 in Breslau geboren worden und 1970 in Bad Pyrmont gestorben. Seine ersten Studiensemester in den mathematischen und naturwissenschaftlichen Fächern verbrachte Born in seiner Heimatstadt, bevor er nach Heidelberg, Zürich und Göttingen aufbrach, um hier die großen Mathematiker seiner Zeit zu hören. In Göttingen fiel er dem berühmten David Hilbert auf, der Born zu seinem Privatassistenten ernannte. Ihm fiel die Aufgabe zu, eine Mitschrift der Vorlesungen anzufertigen, um sie für den allgemeinen Gebrauch im Lesesaal auszuarbeiten.

Born fühlte sich aber bald von der reinen Mathematik zur Theoretischen Physik hingezogen, und 1915 publizierte er seine Beschreibung der *Dynamik von Kristallgittern,* die lange Zeit als Bibel der Festkörperphysik diente. Born wurde nun als Extraordinarius nach Berlin berufen, und nach einem Zwischenspiel in Frankfurt am Main kehrte er 1922 als Ordinarius nach Göttingen zurück. Hier entwickelte sich sein Seminar bald zu einem Zentrum der neuen Atomphysik, die ihre Dynamik vor allem durch zwei junge Studenten bekam, die nacheinander Borns Assistenten wurden, Wolfgang Pauli und Werner Heisenberg. Der entscheidende Durchbruch gelang zwar Heisenberg allein, aber die tragfähige mathematische Formulierung wäre ohne Born nie gelungen. Einstein sprach 1926 von den »Heisenberg-Bornschen Gedanken, die alle Welt in Atem halten«. Es dauerte allerdings noch bis 1954, bis Born zusammen mit W. Bothe den Nobelpreis für Physik bekam, und zwar für seine eigenständige Deutung der Gleichungen, die er mit Heisenberg und Pascual Jordan bereits 1925 publiziert hatte. Ein dazugehöriger Aufsatz über »Die Interpretation der Quantenmechanik« ist in dem hier vorgestellten Band enthalten.

In dem Jahr der hohen Ehrung kehrte Born nach 17 jähriger Abwesenheit nach Deutschland zurück, um in der Nähe von Göttingen, in Bad Pyrmont, seinen Lebensabend zu verbringen. Er hatte sein Vaterland im Mai 1933 verlassen, um über das britische Cambridge ins schottische Edinburgh zu gelangen, wo er eine angemessene Stellung finden konnte.

Vor seinem Weggang aus Göttingen hatte Born einen großen Einfluß als Lehrer der Physik ausgeübt. Die eindrucksvolle und lange Liste seiner Schüler schließt unter anderem Edward Teller und Robert Oppenheimer ein, die beide maßgeblich an der Entwicklung von Kernwaffen beteiligt waren. Born hat diese Ausnutzung der Physik sehr bedauert und die Texte in seinem Buch auch geschrieben, um auf die Gefahren hinzuweisen, die ein Mißbrauch der Wissenschaft mit sich bringen kann.

ZUM TEXT *Physik im Wandel meiner Zeit* enthält eine Sammlung von Aufsätzen, in denen Born über die von ihm selbst und seinen Schülern herbeigeführten Änderungen nachdenkt, die sich in seiner Wissenschaft vollzogen und die einen radikalen Umbruch in unserem Weltbild mit sich gebracht haben. Die Texte beginnen eher harmlos mit Überlegungen »Über den Sinn der physikalischen Theorien«, wundern sich zwischendurch über die

Frage, »Ist die klassische Physik tatsächlich deterministisch?« und drücken nicht zuletzt »Die Hoffnung auf Einsicht aller Menschen in die Größe der atomaren Gefährdung« aus. Er gab dabei nie eine besondere Hoffnung auf, nämlich die, daß die Menschen nicht nur zur Kenntnis nehmen, welche Gewalt von der Wissenschaft ausgehen kann, sondern auch (und vielleicht vor allem), welche Qualität in der geliebten Physik steckt:

»Die Welt, die so gern bereit ist, die Gaben der Physik als Mittel zur Massenvernichtung zu benutzen, täte besser daran, die Denkmethoden der Physik zu studieren, die zum Ausgleich von scheinbar unauflöslichen Widersprüchen und zur Versöhnung geführt haben.«

Wahrscheinlich gibt es kein Buch, das besser geeignet ist, »die Denkmethoden der Physik zu studieren«, als die Textsammlung von Born, der in jedem seiner Beiträge auf die philosophischen Fragen eingeht, die sich im Rahmen der neuen Physik stellen, und zwar stets, ohne den Kontakt zur wissenschaftlich prüfbaren Erkenntnis zu verlieren. Borns Aufsätze sind der »Versuch, auf naturwissenschaftliche Weise zu philosophieren« und »nicht eine Philosophie der Naturwissenschaften«, wie er ausdrücklich zur Einleitung seines Essays schreibt, der sich mit der Verbindung von »Symbol und Wirklichkeit« befaßt. Dieses Thema ist in der Physik deshalb relevant geworden, weil ein Atom oder das Licht nur als Gebilde beschrieben werden konnten, die sich sowohl wellenartig als auch teilchenartig verhalten. Eine Möglichkeit diesen Widerspruch aufzulösen, besteht in der Festlegung, daß Atome und Licht nur als Symbole verstanden werden können, was dem Denken die Aufgabe stellt, nach der Wirklichkeit von Symbolen zu fragen. Genau dies unternimmt Born, der Wirklichkeit als etwas versteht, »das hinter den Phänomenen verborgen liegt«.

Bei all seinen philosophischen Bemühungen unterliegt

Born nie dem Irrtum, ein Philosoph zu sein. Und weil das so ist, bleiben seine Beiträge – trotz einiger mathematischer Einschübe und Ableitungen – für Laien auch dann lesbar, wenn sie sich dem Thema nähern, für das ihrem Autor der Nobelpreis für Physik zuerkannt wurde. Es geht dabei um die statistische Deutung der neuen Physik, die einen radikalen Bruch mit den alten Vorstellungen bedeutet: »Die in der klassischen Physik immer anerkannte prinzipielle Determiniertheit der Naturvorgänge muß aufgegeben werden.« Der Grund steckt – wie bereits erwähnt – in den »scheinbar unauflöslichen Widersprüchen«, die »zur Versöhnung« geführt werden müssen. Der Widerspruch ist am besten als Dualismus von Welle und Teilchen bekannt, den Born unter anderem so formuliert:

»Zur Beschreibung der Naturvorgänge sind kontinuierliche und diskontinuierliche Elemente notwendig. Das Auftreten der letzteren (Quantensprünge) ist nur statistisch bedingt; die Wahrscheinlichkeit des Auftretens aber breitet sich kontinuierlich nach Art von Wellen aus, die Gesetzen ähnlicher Art gehorchen wie die Kausalgesetze der klassischen Physik.«

Zwar hat sich heute die statistische Deutung weitgehend durchgesetzt – sogar mit der Konsequenz, daß sich im Innersten der Welt keine Wirklichkeit, sondern primäre Möglichkeiten befinden. Aber Born mußte sich als Pionier der neuen Weltsicht mit vielen Kritikern auseinandersetzen, die meinten, daß die Quantentheorie nur etwas vorübergehendes sei und bald durch eine bessere Physik abgelöst würde, die wieder eine traditionelle Kausalität mit sich bringt und alles erneut in einen deterministischen Rahmen spannt. Ihnen antwortet Born:

»Scheint also die neue Theorie in der Erfahrung wohlfundiert, so kann man doch die Frage aufstellen, ob sie nicht in Zukunft durch Ausbau oder Verfeinerung wieder deterministisch gemacht werden kann. Hierzu ist zu sagen: Es läßt sich mathematisch zeigen, daß der anerkannte Formalismus der Quantenmechanik keine solche Ergänzung erlaubt. Will man also an der Hoffnung festhalten, daß der Determinismus einmal wiederkehren wird, so muß man die jetzt bestehende Theorie für inhaltlich falsch halten; bestimmte Aussagen dieser Theorie müßten experimentell widerlegbar sein. Der Determinist sollte also nicht protestieren, sondern experimentieren, um die Anhänger der statistischen Theorie zu bekehren.«

In diesen Sätzen zeigt sich der Physiker Born, der von der Qualität seiner Wissenschaft überzeugt ist und leidenschaftlich für sie kämpft, indem er jede Gelegenheit nutzt, um zu zeigen, was sie kann. Der selbstlose Born erkennt ohne Neid die Überlegenheit Einsteins an und bemüht sich in seinen Beiträgen, dessen Ideen vorzustellen, und zwar nicht nur, was die Relativitätstheorie und ihr Verständnis von Raum und Zeit angeht. Born bringt dem Leser auch »Einsteins statistische Theorien« nahe, die vielleicht weniger bekannt sind, die aber um so wirksamer geworden sind und zum Beispiel ihre Anwendung in der Entwicklung von Lasern gefunden haben.

Einer von Borns Schülern, der kürzlich im hohen Alter verstorbene Edward Teller, hat in den 1980er Jahren die Idee eines mit Röntgenlasern bestückten Verteidigungsschirms entwickelt, den die amerikanische Regierung unter Präsident Ronald Reagan im Rahmen einer »Strategic Defense Initiative« (SDI) zu errichten drohte. Born wäre über solch eine Anwendung von Wissenschaft entsetzt gewesen, wie er es überhaupt unfaßbar fand, daß sich Physiker wie Oppenheimer und Teller in Waffenprogramme einbinden ließen. Vor allem Tellers Engagement empfand Born als derart inhuman und unerträglich, daß er sich weigerte, das Land zu betreten, in dem sein Schüler lebte.

Born kritisierte an der modernen Entwicklung vor allem das Fehlen der Vernunft. Er hielt zum Beispiel die Pläne der Weltraumbehörden und die Organisation einer Reise zum Mond »für einen Triumph des Verstandes und eine Tragik der Vernunft«, wobei Born allgemein formulierte:

»Der Verstand unterscheidet zwischen möglich und unmöglich. Die Vernunft unterscheidet zwischen sinnvoll und sinnlos. ... Es ist Zeit, daß die Vernunft auf den Plan tritt, um das, was heute möglich ist, noch rechtzeitig auf das Sinnvolle zu beschränken.«

***** 𝓸𝓸 𝓸𝓸 𝓸𝓸 𝓸𝓸 ⬬⬬⬬⬬

ÜBRIGENS Wie schwer es fällt, sich auch in Fragen des Erkennens »auf das Sinnvolle zu beschränken«, zeigt der berühmte Satz, der dem amerikanischen Physiker Steven Weinberg zugeschrieben wird: »Je genauer wir das Universum erklären können, desto weniger Sinn scheint es zu machen.« Der 1979 mit dem Nobelpreis für sein Fach ausgezeichnete Weinberg hat selbst kräftig dazu beigetragen, das Universum zu erklären, und zwar erst in seinem legendären Fachbuch, das 1972 erschienen ist und unter der Verbindung *Gravitation and Cosmology* zeigt, wie Einsteins Theorien genutzt werden können, um die große physikalische Welt zu verstehen, in der wir existieren. 1977 legte Weinberg seine allgemeinverständlich gehaltene Analyse über den Ursprung des Universums unter dem berühmt gewordenen Titel *The First Three Minutes – Die ersten drei Minuten* vor. Die Originalausgabe ist bei Basic Books (New York) und die in fünfter Auflage vorliegende deutsche Übersetzung bei Piper in München erschienen.

»Das ist ein aufregendes Buch« – so beginnt die Einleitung, die Reimar Lüst der deutschen Ausgabe voranstellt, und der Satz trifft vollkommen zu. *Die ersten drei Minuten* erzählt, wie sich die moderne Wissenschaft den Ursprung der Welt vorstellt – im Grunde ein Thema der Mythen und Sagen –, wobei das Attribut »modern« die Kosmologie meint, die nach einer viel beschriebenen Entdeckung aus dem Jahre 1965 möglich geworden ist. Damals wurde die sogenannte kosmische Hintergrundstrahlung beobachtet. Ihre Eigenschaften (Verteilung und Energie) machten es sehr wahrscheinlich, daß die Vorstellungen vom Kosmos zutreffen, die sich in aller Kürze mit dem Schlagwort vom Urknall – Big Bang – bezeichnen lassen. Von diesem Modell und seiner Wirklichkeit erzählt Weinberg, der sich langsam an den Anfang der Zeit zurücktastet und dabei immer fragt, ob die Physik, die uns zur Verfügung steht – das Standardmodell –, angewendet werden kann und Antworten gibt. In dem Kapitel, das sich konkret auf die ersten drei Minuten einläßt, überspringt Weinberg »Die erste Hundertstelsekunde«, der er ein eigenes Kapitel widmet, um an seinem Ende zu bedauern, daß es keinen Beobachter der Welt zu dieser Zeit gab, der uns mehr von ihr erzählen könnte.

Natürlich bleiben viele Lücken in der physikalischen Kenntnis (bis heute), aber Weinbergs Zuversicht, wenigstens auf dem richtigen Weg zu sein, ist nicht zu überlesen. Und selbst wenn das Erklären möglicherweise den Sinn aus dem Weltall vertreibt, so entsteht neben der Erkenntnis noch etwas, was sich lohnt, denn »das Bestreben, das Universum zu verstehen, hebt das menschliche Leben ein wenig über eine Farce hinaus und verleiht ihm einen Hauch von tragischer Würde«.

***** 𝒢 𝒢 𝒢 𝒢 ⬿⬿⬿⬿⬿

24

Richard P. Feynman

QED

Murray Gell-Mann

Das Quark und der Jaguar

ZUM BUCH Die Originalausgabe der *seltsamen Theorie des Lichts und der Materie* ist 1985 in der Princeton University Press (Princeton, New Jersey) erschienen. Die deutsche Übersetzung gibt es seit 1988 im Piper Verlag, der sie 1992 auch in seine Taschenbuchreihe aufnahm.

ZUM AUTOR Richard P. Feynman ist 1918 in der Nähe von New York geboren worden und 1988 in Pasadena bei Los Angeles gestorben. Unter den Physikstudenten gilt er dank des dreibändigen Werkes *The Feynman Lectures on Physics* als Legende. Die Bände mit Vorlesungen sind in den 1960er Jahren erschienen und erklären nicht nur, wie physikalisches Denken funktioniert, sie führen es vor. Feynmans Ruhm stieg, als er 1965 – kurz nach dem Erscheinen der Bände – den Nobelpreis für Physik erhielt (gemeinsam mit S. Tomonaga und J. Schwinger), und zwar für seine Beiträge zu einer Theorie, die im Fachjargon Quantenelektrodynamik heißt, was QED abgekürzt werden kann und den Titel des ausgewählten Buchs erklärt.

Feynman konnte die preisgekrönte Theorie erst in den Jahren nach dem Zweiten Weltkrieg entwickeln. Zuvor beteiligte er sich wie viele seiner Kollegen an dem Manhattan Projekt, dessen Ziel die Herstellung einer Atombombe war. Hier leitete er – trotz seiner Jugend – die Gruppe, die für die Berechnungen von Größe und Reichweite der neuen Waffen zuständig war, wobei anzumerken ist, daß die umfangreichen Kalkulationen ohne die Computer gemacht werden mußten, die uns in diesen Tagen längst die Rechenarbeit abnehmen. Die Kriegsjahre sind für Feynman im übrigen deshalb besonders schwierig, weil seine Frau Arlene an Tuberkulose stirbt.

Nach 1945 folgt Feynman seinem unmittelbaren Vorgesetzten, dem Physiker Hans Bethe, an die Cornell Universität im Staate New York, wo er versucht, in der modernen Physik einen historischen Schritt seiner Wissenschaft zu wiederholen. Die klassische Physik hatte erst eine Mechanik (à la Newton) aufgestellt und anschließend eine Elektrodynamik entwickelt, die von elektrischen und magnetischen Feldern handelte. Nun gab es eine Quantenmechanik (à la Bohr und Heisenberg), und man brauchte eine Quantenelektrodynamik. Hier sah Feynman seine Aufgabe, die er nicht nur glänzend löste, sondern auch dazu benutzte, um in seine Wissenschaft einen ganz neuen Stil einzuführen. Er verwandelte komplizierte mathematische Formeln in raffinierte Formen (Diagramme) und stellte Regeln auf, die es erlauben, aus den nach Feynman benannten Diagrammen Schlüsse auf die physikalische Wirklichkeit zu ziehen.

Von den vielen Angeboten, die Feynman erreichten, hat ihn nur eines interessiert, das des California Institute of Technology in Pasadena, wohin er in den 1950er Jahren wechselte. Hier ist er geblieben, bis er einem Krebsleiden erlegen ist. An dem Tag, an dem Feynman starb, befestigten die Studenten ein riesiges Banner am höchsten Gebäude des Campus. Auf ihm stand zu lesen, »We love you, Dick«. Sie haben ihn wirklich geliebt, denn keiner wußte besser den Spaß zu vermitteln, den Physik machen kann.

ZUM TEXT QED ist der seltene Glücksfall eines Buchs, dessen Autor nicht nur für einen (zugegeben schwierigen) wissenschaftlichen Inhalt verantwortlich ist, sondern diesen trotz seiner extremen Schwierigkeit auch noch leicht und locker erzählen kann. QED stammt in jeder Hinsicht von Feynman, als Theorie und als Text.

Der schmale Band besteht aus vier Kapiteln, die aus vier Vorlesungen hervorgegangen sind, die Feynman in den

1980er Jahren als »Alix G. Mautner Memorial Lecture« an der Universität von Kalifornien in Los Angeles (UCLA) gehalten hat. Nach einer Einführung, in der Feynman auf spielerische Weise seine Art, Physik zu treiben, vorführt, erläutert das zweite Kapitel die »Teilchen des Lichts«, die seit Einstein Photonen heißen. Im dritten Teil geht es um die Bausteine der Atome, die als Elektronen bekannt sind, und um die Art ihrer Wechselwirkungen. Zuletzt versucht Feynman die losen Enden in die Finger zu bekommen und zu verknoten, die noch bleiben, wenn man wirklich in aller Tiefe und Schärfe verstehen will, was passiert, wenn Licht und Materie aufeinander treffen und miteinander zu tun bekommen.

Am Ende des Lesens hat man tatsächlich den Eindruck, daß sich die Physiker da wirklich eine »seltsame Theorie« ausgedacht haben, und vor allem überrascht im Verlauf der Lektüre immer mehr, daß dieser enorme Aufwand nur getrieben wird, um ein ganz einfaches Problem zu lösen, von dem man meinte, es sei schon von den Autoren der Schulbücher zum Thema Physik verstanden worden. Das ganz einfache Problem, das am Anfang aller Erklärungsversuche steht, handelt von einem Lichtstrahl, der auf eine Oberfläche trifft und von dort zurückgeworfen wird. Seit Urzeiten ist bekannt, daß dabei eine schlichte Gesetzmäßigkeit zu beobachten ist, die sich am einfachsten durch die Kurzformel »Einfallswinkel ist gleich Ausfallswinkel« beschreiben läßt. Was könnte einfacher sein als dieser Zusammenhang, so denkt man, und tatsächlich haben frühere Jahrhunderte damit begonnen, Licht als Strich auf einem Blatt Papier zu zeichnen. Wenn es sich ausbreitet, trifft es auf einen anderen schwarzen Strich, der diesmal die Oberfläche darstellt, von der der Strahl reflektiert wird, und einfache geometrische Überlegungen ergeben zusammen mit dem Prinzip, daß die Natur niemals Umwege macht, sondern stets den kürzesten Weg wählt, die Möglichkeit, das oben erwähnte Gesetz »Einfallswinkel gleich Ausfallswinkel« exakt zu beweisen.

So schön, so gut, doch das Licht ist ebensowenig ein Strich, wie dies eine Oberfläche ist. Licht besteht – Einsteins Einsichten zufolge – aus Quantenteilchen (Photonen), und eine materielle Oberfläche besteht aus Atomen, was konkret bedeutet, daß Lichtteilchen auf Elektronen treffen, wenn ein Strahl reflektiert wird. Nun bieten Elektronen alles mögliche, nur keine glatte Oberfläche, schon allein deshalb, weil sie unentwegt in Bewegung sind. Von einem Tennisball, der auf Kopfsteinpflaster trifft, wird niemand erwarten, daß er das Gesetz »Einfallswinkel ist gleich Ausfallswinkel« beachtet. Und deshalb verliert das gradlinige Modell der Strichzeichnungen jeden Sinn. Die uralte Beobachtung verlangt also eine neue Erklärung, und zwar eine völlig neue. Genau sie liefert Feynman, der dazu allerdings tief in die quantenphysikalische Trickkiste greifen muß. Zum Glück der Leser macht er das höchst vergnüglich und amüsant, wenn es gegen Ende auch ein wenig ernster wird (sobald nämlich die ungelösten Probleme kommen, die Feynman fast mehr ärgern als erfreuen).

Der entscheidende Trick, mit dem Feynman es schafft, einen Strom von ungebändigten Lichtteilchen, der auf eine dynamisch unruhige und unebene Meute von Elektronen trifft, so zu zähmen, daß er im gleichen Winkel ein- und ausläuft, besteht darin, dem Licht alle Freiheiten zu lassen. Er gesteht jedem Photon jeden möglichen Weg zu und zeigt, wie sich nun nahezu alle Beiträge aufheben, bis auf genau den einen, den man in Wirklichkeit beobachtet. Dies geht vor allem deshalb, weil die Lichtteilchen zugleich auch Wellen sind (was man fast schon wieder vergessen hat), und bei ihrer Bewegung kann es zu Interferenzen (Auslöschungen) kommen.

Es macht an dieser Stelle wenig Sinn, Feynmans an sich schon knappe Darstellung im Buch noch weiter zu verknappen, und es kann nur empfohlen werden, dem Original in seiner Pracht zu folgen, wenn er die Lichtteilchen fliegen läßt und ihre Physik so verständlich macht, wie dies leider nicht in den Schulbüchern passiert.

Es macht aber vielleicht an dieser Stelle Sinn, etwas mehr über die Kreation der Quantenelektrodynamik zu sagen, mit der es Feynman gelungen ist, die am besten – am genauesten – bestätigte Theorie der Physik aufzustellen. Auf dem Weg zu ihr gab es für den damals noch jungen amerikanischen Physiker – von mathematischen Schwierigkeiten einmal abgesehen – zwei Hindernisse zu überwinden, ein psychologisches und ein physikalisches. Die psychologische Hürde bestand in der Person des Engländers Paul Dirac, den Feynman wegen der Eleganz seiner Ableitungen bewunderte wie keinen anderen Physiker. Dirac hatte zwar schon länger die Richtung des Suchens nach der QED vorgegeben und auch erste Ergebnisse vorgelegt, dann aber hatte er plötzlich seine theoretischen Waffen gestreckt und aufgegeben. Was die meisten erschrecken würde, stachelte Feynman nur an, der es seinem Helden zeigen und das physikalische Hindernis beiseite räumen wollte, vor dem Dirac stehen geblieben war.

Die Physiker sprechen dabei von der Selbstenergie des Elektrons, und der Name erinnert an die Thematik von *Gödel, Escher, Bach,* die von selbstbezüglichen Sätzen handelt. Das Dilemma mit der Selbstenergie zeigte sich mathematisch dadurch, daß in den Gleichungen immer unendliche Werte auftraten, die physikalisch keinen Sinn ergaben. Anschaulich läßt sich das Problem verstehen, indem man sich einen Stein vorstellt, der sich im Schwerefeld der Erde befindet. Der Stein hat eine Masse und damit auch eine Energie. Diese Energie ändert nach den Theorien der Physik seine Masse. Sie nimmt zu und damit auch die Energie, die zu mehr Masse führt, die mehr Energie bedeutet, und so weiter ad infinitum.

So wie dem Stein im Schwerefeld geht es dem Elektron im elektrischen Feld, und zwar sogar in seinem eigenen, und an dieser Stelle tauchten die Unendlichkeiten auf, die in der Wissenschaft als Singularitäten bekannt sind. Nachdem sie Dirac lange genug irritiert hatten, gab er auf, und in dem Vakuum, das er hinterließ, fand Feynman den Platz, den er brauchte, um seine eigene Art Physik zu treiben, vorführen zu können. Er mußte tatsächlich die ganze und seit langem bewährte Quantentheorie noch einmal neu erfinden, um mit seiner Art der Darstellung in der Lage zu sein, die Selbstenergie nicht nur des Elektrons, sondern allgemein zu bändigen. Feynman begann seine Neuerschaffung der Atomphysik mit der Annahme, daß die Quantenwirklichkeit mindestens eine Eigenschaft der klassischen Dinge hat, nämlich die, nach und nach verschiedene Zustände zu durchlaufen und sich dabei zu entwickeln. In einer Welt mit Quanten tauchen merkwürdigerweise mehr Möglichkeiten auf, als in einer Welt ohne die Unstetigkeiten, und damit nahmen die mathematischen Anforderungen zu, die Feynman aber zu bewältigen wußte. Er führte raffinierte »Propagatoren« ein und leitete aus ihnen mit seiner überbordenden Phantasie die Diagramme her, die heute seinen Namen tragen und die jeder Physiker benutzt.

Feynmans Neuerfindung der modernen Physik ist ein Musterbeispiel für den weit vorne zitierten Satz von Einstein, daß wissenschaftliche Theorien freie Erfindungen des menschlichen Geistes sind. Seine Diagramme, deren physikalische Beweiskraft hinter jeder der Zeichnungen steckt, die er in *QED* benutzt, um das Licht zu verstehen, schaffen es auch, all die Singularitäten wegzuzaubern, die vor Feynman alle Bemühungen haben scheitern lassen, die Wechselwirkung von Photonen und Elektronen zu verstehen. Nach Feynman macht die Physik wieder Spaß, weil sie ihm so viel Spaß gemacht hat.

***** 🐚 🐚 🐚 🐚　　🍂🍂🍂🍂

ÜBRIGENS Als Feynman am California Institute of Technology lehrte und forschte, gab es dort in Pasadena noch einen zweiten Superstar der Physik, und zwar der 1929 in New York geborene Murray Gell-Mann, der 1969 mit dem Nobelpreis für Physik ausgezeichnet worden ist. Gell-Mann ist vor allem bekannt durch seinen Vorschlag, daß einige Gebilde, die man für Elementarteilchen hielt, gar nicht elementar waren, sondern innere Strukturen aufweisen. Während Elektronen offenbar nicht aus noch kleineren Einheiten bestehen, lassen sich bei Protonen und Neutronen solche Teilchen erkennen. Gell-Mann nannte sie ohne Rücksicht auf die deutsche Sprache mit einer Anleihe bei dem irischen Dichter James Joyce »Quarks«, und inzwischen konnte nachgewiesen werden, daß es sechs verschiedene Sorten von ihnen gibt. Mit dem Quark hatte Gell-Mann das Einfachste gefunden, das die Welt bietet, und nach diesem Erfolg richtete er seine Aufmerksamkeit auf das andere Ende des Spektrums, also dahin, wo die Komplexität sitzt.

Anfang der 1990er Jahre entschloß sich Gell-Mann zu dem Versuch, seinen Weg vom Einfachen zum Komplexen sowohl umfassend als auch allgemeinverständlich darzustellen, und herausgekommen ist ein Buch mit dem Titel *Das Quark und der Jaguar* (Piper Verlag, 1994). Es behandelt nicht nur die Physik der Quarks und die Evolution von Jaguaren, es behandelt auch die Entwicklung von Ökonomien, geht auf das Leben von Bakterien ein, macht Bemerkungen zum Lernen und kreativen Denken, äußert sich kritisch zu Aberglaube und Skepsis, erklärt den Unterschied zwischen lernenden und den Lernprozeß nur simulierenden Maschinen und ermahnt den Leser zuletzt, daß er in einer Welt lebt, »die zu bewahren sich lohnt«. Wenn man so will, enthält das Buch eine »Theorie von wirklich Allem«, wie der selbstbewußte Gell-Mann sicher gerne hört, der sich aber sehr beklagen würde, wenn man ihn fragen würde, ob *Das Quark und der Jaguar* tatsächlich schon diese Theorie von Allem enthält oder nur den Weg zu ihr weist.

Zentral für Gell-Manns Ideen ist seine Vorstellung von »komplexen adaptiven Systemen«, »die so verschiedenartige Prozesse betreffen wie die Entstehung des Lebens auf der Erde, die biologische Evolution, das Verhalten von Organismen in Ökosystemen, die Funktionsweise des Immunsystems der Säugetiere (einschließlich des Menschen), die Entwicklung menschlicher Gesellschaften, das Verhalten von Anlegern in Finanzmärkten und die Arbeitsweise von Computersoftware oder -hardware, mit deren Hilfe Strategien oder Prognosen anhand von Daten aus der Vergangenheit erstellt werden sollen«.

Kommt das alles hin? Noch nicht. Noch ist das Beschreiben von »komplexen adaptiven Systemen« nicht die Theorie, die Gell-Mann verspricht und erhofft. Und so zeigt er uns eine Menge wunderbar gewachsener Bäume, ohne uns zu sagen, welchen Wald sie ergeben. Auf dessen Emergenz können wir aber vertrauensvoll warten. Schließlich gibt es Quarks und Jaguare, und wir wissen, daß Gell-Mann auf dem Weg von dem einen zu dem anderen ist.

***** 𝓰𝓰 𝓰𝓰 𝓰𝓰 𝓰𝓰

25

Max Planck
Vorträge und Erinnerungen

John Maddox
Was zu entdecken bleibt

ZUM BUCH Der Titel *Vorträge und Erinnerungen* taucht zum ersten Mal 1949 auf. Damals erschien die 5. Auflage eines Buches mit Aufsätzen und anderen Texten von Planck, das zum ersten Mal 1922 durch den Verlag von S. Hirzel in Leipzig publiziert worden ist und ursprünglich *Gesammelte Reden und Aufsätze* hieß. Eine neue Auflage wurde 1933 mit veränderten Beiträgen als *Wege zur physikalischen Erkenntnis* angeboten, wobei bemerkenswert ist, daß 1944, also »in einer durch die Weltereignisse schwer erschütterten Zeit«, eine 4. Auflage zustande kommt. Fünf Jahre später gibt es dann *Vorträge und Erinnerungen,* das um Beiträge wie »Sinn und Grenzen der exakten Wissenschaften« ergänzt worden ist, wobei dieser Aufsatz auch als eigenständige Publikation vorliegt. *Vorträge und Erinnerungen* hat bis 1979 zahlreiche weitere Auflagen erlebt, unter anderem in der Wissenschaftlichen Buchgesellschaft Darmstadt. 2001 hat dann der Springer-Verlag Plancks Texte neu (und vielleicht ein wenig zu stark verändert) aufgelegt, diesmal unter dem Titel *Vorträge, Reden, Erinnerungen.*

ZUM AUTOR Max Plancks Leben findet zur einen Hälfte im 19. und zur anderen Hälfte im 20. Jahrhundert statt. Der am 23. April 1858 in Kiel geborene und in München aufgewachsene Planck ist zunächst vor allem mit dem Studium der Physik beschäftigt, das er zügig abschließt, obwohl ihm einer seiner Lehrer 1874 den immer wieder zitierten Rat gibt, das Fach zu verlassen, da »grundsätzlich Neues darin kaum mehr zu leisten sein wird« (mehr dazu weiter unten). Im Alter von 21 Jahren promoviert Planck mit einer Arbeit *Über den 2. Hauptsatz der mechanischen Wärmelehre,* in der es letztlich um die Frage geht, ob die Physik verstehen kann, warum die Zeit

247

nur in eine Richtung fließt. Zwar beklagt sich Planck, daß niemand seine Doktorarbeit gelesen hat, aber ein Rebell wird er nicht. Schon 1885 übernimmt er eine Professur für Physik in Kiel, bevor die Universität Berlin ihn 1889 in die Hauptstadt ruft. Hier in Berlin wird er lange bleiben und Karriere machen, erst als Physiker und dann als Organisator der Wissenschaft. Berühmt werden seine *Vorlesungen zur Thermodynamik,* die 1897 erscheinen und viele Auflagen erleben. Berühmt wird auch Plancks *Einführung in die Theoretische Physik,* die zwischen 1916 und 1930 in fünf Bänden herauskommt und das Ende seiner wissenschaftlichen Tätigkeit im engeren Sinne andeutet, für die er vielfach ausgezeichnet worden ist. 1918 erhält Planck den Nobelpreis für Physik, und zehn Jahre später – zu seinem 70. Geburtstag – stiftet die deutsche Wissenschaft die Max-Planck-Medaille, die er selbst als erster entgegennehmen darf.

In den folgenden Jahren publizierte Planck mehr philosophisch orientierte Texte wie *Wege zur physikalischen Erkenntnis,* und er engagierte sich immer stärker als Wissenschaftspolitiker. Seit 1912 schon fungierte er als ständiger Sekretär der Preußischen Akademie der Wissenschaften, und 1930 wird er – im Alter von 72 Jahren – Präsident der Kaiser-Wilhelm-Gesellschaft, die 1948 – ein Jahr nach Plancks Tod am 10. April 1947 in Göttingen – einen neuen Namen bekommen wird, nämlich seinen.

Planck verstand Physik als »Suche nach dem Absoluten«, und er glaubte, diese Wissenschaft bringe Gesetze hervor, die unabhängig vom Menschen absolute Gültigkeit besitzen. Als Student nahm er unter dieser Vorgabe das Prinzip von der Erhaltung der Energie »wie eine Heilsbotschaft« in sich auf. Das Bemühen um solche Zusammenhänge erschien ihm als »die schönste wissenschaftliche Aufgabe«, wobei es für ihn selbstverständlich war, daß man dabei nie an ein Ende kommen würde. Es war doch die Sehnsucht nach dem Suchen der natürlichen Ordnung, »die das schönste Glück des denkenden Menschen bedeutete« und ihm das Bewußtsein verlieh, »das Erforschliche erforscht zu haben und das Unerforschliche ruhig zu verehren«.

Mit diesen Worten zitierte Planck Goethe, dem er sich sowohl gedanklich wie stilistisch verbunden fühlte. Plancks Aufsätze, die sich mit Themen wie »Wissenschaft und Glaube« oder »Kausalität und Willensfreiheit« befaßten, machen bis in die Wortwahl hinein das klassische humanistische Erbe deutlich, das er vertreten und verteidigen wollte. Planck reicht auf diese Weise weit in die europäische Geistesgeschichte zurück, aber er dringt mit seinem wissenschaftlichen und persönlichen Leben auch weit mit ihr nach vorne, wobei es zur Tragik seiner Biographie gehört, daß sein Land weitgehend in Trümmern liegt und die dazugehörige Kultur umfassend vernichtet worden ist, als er im Alter von fast 90 Jahren in Göttingen stirbt.

ZUM TEXT   Wer Rat sucht, greift bekanntlich oft und gerne zu den Klassikern. Die Wissenschaft braucht im Augenblick Rat, und es wäre schön, sie könnte so zu den Klassikern greifen, wie es sich gehört. Sie kann aber nicht, was sie wahrscheinlich will und eigentlich sollte, denn wissenschaftliche Klassiker sucht in den meisten Fällen vergebens, wer eine Buchhandlung betritt. Während dort kein Mangel an Ausgaben der Werke von Goethe, Shakespeare und anderen Grössen der literarischen Welt herrscht, halten die Regale der naturwissenschaftlichen Sektion bestenfalls einige aktuelle Titel bereit. Wer Glück hat, wird zwar die eine oder andere Ausgabe mit Texten von Albert Einstein finden, aber mehr auf keinen Fall. Wer sich etwa mit der originellen und witzigen Schreibe des Wiener

Physikers Ludwig Boltzmann beschäftigen möchte, oder wer die grossen pädagogischen Fähigkeiten des Briten Michael Faraday mit dessen Worten kennenlernen möchte, kommt wahrscheinlich nicht einmal dann ans Ziel, wenn er bereit ist, lange in Katalogen zu suchen und mehr oder weniger ungewisse Bestellungen aufzugeben.

In der Tat – die Wissenschaft kennt ihre Klassiker nicht, und sie weiß wahrscheinlich nicht einmal, daß es Menschen in ihren Reihen gibt, die diese Auszeichnung verdienen und unter diesen Vorzeichen gelesen werden sollten. Einer, der unzweifelhaft dazu gehört, ist Max Planck, und jeder, der einmal in seinen allgemeinverständlichen Reden und Aufsätzen gelesen hat, die seit ihrer 5. Auflage im Jahre 1949 *Vorträge und Erinnerungen* genannt wurden, hat immer wieder bedauert, daß diese wunderbaren Texte nicht weiter verbreitet sind und mehr Aufmerksamkeit bekommen. Plancks Schriften handeln zum Beispiel »Vom Wesen der Willensfreiheit«, sie zeigen die »Physik im Kampf um die Weltanschauung« und erleben einen individuellen Naturwissenschaftler vor der religiösen Frage, also der Frage, wie er es im Angesicht von Kosmologie und Atomphysik mit Gott hält.

Das Buch war lange Zeit nur als engbedruckte kartonierte Ausgabe zu bekommen, aber zum Glück hat der Springer-Verlag im Jahr des 100. Geburtstags von Plancks großer Entdeckung eine gebundene und elegant gestaltete Neuausgabe auf den Markt gebracht. Mit ihr ist es erneut möglich, den großen Wissenschaftler und dessen Denken durch seine Sprache zu entdecken. Bevor wir dies in dem hier angemessenen Rahmen tun, noch eine Anmerkung zu der nachhaltigen Entdeckung Plancks, deren Zustandekommen er selbst in dem Band ausführlich erzählt. Es geht um die »Auffindung des physikalischen Wirkungsquantums«, die Planck in einem »Akt der Verzweiflung« vollbringt, wie er schreibt.

Das Problem, durch dessen Lösung Planck zu Anfang des 20. Jahrhunderts zum Revolutionär wider Willen wurde, sah zunächst eher harmlos aus. Es ging um die Strahlung, die ein »schwarzer Körper« aussendet, dessen Temperatur erhöht wird. Stahl zum Beispiel wird bei Erhitzung erst rot-, dann gelb- und zuletzt weißglühend, und die Frage an die Wissenschaft lautete, ob und wie das Auftreten dieser Farben erklärt werden kann. Der Ausdruck »schwarzer Körper« meint dabei im Vokabular der Physik einen Gegenstand, der kein Licht reflektiert und dessen Farben somit allein aus seiner eigenen Beschaffenheit verstanden werden müssen.

Planck interessierte sich für dieses Thema der Umwandlung von Energie, weil die Arbeiten von Robert Kirchhoff in Heidelberg gezeigt hatten, daß dieser Vorgang nicht von dem Körper abhängig war, den man betrachtete, sondern daß hier ein universelles physikalisches Gesetz seine Wirkung zeigte. Genau dies hoffte Planck zu finden, wobei der besondere Reiz der Aufgabe darin lag, daß berühmte Kollegen vor ihm etwas angeboten hatten, was man *halbe Gesetze* nennen könnte. Es gab eine Formel für die langen Wellenlängen der roten Farbe, die ein schwarzer Körper bei niedrigen Temperaturen zeigt; es gab eine Formel für die kurzen Wellenlängen der ultravioletten Strahlen, die ein schwarzer Körper bei hohen Temperaturen aussendet; es gab aber keinen Weg, die beiden Ansätze zu einer Einheit zu verbinden.

Die erwähnten Formeln waren unter der Annahme abgeleitet worden, daß das Licht des schwarzen Körpers von seinen Atomen stammte. Doch so selbstverständlich sich dieser Zusammenhang heute aussprechen läßt, so umstritten war die Idee eines atomaren Aufbaus der Materie vor 1900, als unter den Physikern noch heiße Debatten über die Frage stattfanden, ob es Atome wirklich gibt oder nicht. In einem Rückblick auf diese Auseinandersetzungen und in Hinblick auf die sture Haltung vieler Physiker, die sich durch nichts überzeugen lassen wollten, hat Planck einmal folgende bemerkenswerte Formulierung gebraucht, die man als Plancks Prinzip der Wissenschaftsgeschichte bezeichnen könnte:

»Eine neue wissenschaftliche Wahrheit pflegt sich nicht in der Weise durchzusetzen, daß ihre Gegner überzeugt werden und sich als belehrt erklären, sondern vielmehr dadurch, daß die Gegner allmählich aussterben, und daß die heranwachsende Generation von vornherein mit der Wahrheit vertraut gemacht ist.«

Für Planck selbst stand die Realität der (unsichtbaren) Atome außer Frage, und er versuchte ihre Existenz aus beobachtbaren (und damit sichtbaren) Eigenschaften der Dinge abzuleiten. Die für ihn grundlegende Qualität der materiellen Prozesse bestand in dem, was unter Experten als Irreversibilität bekannt ist. Damit sind Vorgänge und Abläufe gemeint, die sich nicht vollständig rückgängig machen lassen.

Doch mit dem festen Glauben an die Existenz der Atome war nur der Weg zu der Strahlenformel für schwarze Körper vorgezeichnet, ohne daß eines der Hindernisse überwunden war, die darauf lagen. Wie konnte man sich vorstellen, daß Atome Licht hervorbringen? Klar schien, daß die Aussendung der entsprechenden Strahlen erneut als Umwandlung von Energie zu verstehen war, aber wie wurde aus der Energie der Atome die Energie des Lichts?

Als Planck im Jahre 1900 vor dieser physikalischen Frage stand, an der viele Physiker vor ihm gescheitert waren, kam ihm die Idee, es mit einem mathematischen Trick zu probieren. Planck sah nämlich, daß die beiden oben erwähnten halben Gesetze zu einem ganzen verbunden werden konnten, wenn er – zunächst als rein rechnerische Hilfestellung – annahm, daß die Energie, die Atome als Licht abgeben, nicht als kontinuierlicher Strom, sondern in Form von diskreten Einheiten entweicht. Konkret ausgedrückt: Planck führte eine Hilfsgröße in die Physik ein, die er – vielleicht deshalb – mit dem kleinen Buchstaben h bezeichnete und die er sobald wie möglich wieder aus den Gleichungen entfernen wollte, was konkret hieß, daß Planck daran dachte, am Ende seiner Bemühungen h langsam aber sicher gegen Null gehen zu lassen, um so zu dem stetigen Strömen der Energie zurückzukehren, das der klassischen Physik selbstverständlich war. Das kleine h schien ihm sowenig Bedeutung zu haben wie der Buchstabe h in dem Wort »Wahn«. Er brauchte diese Hilfsgröße nur als ein vorübergehendes Mittel, um die beiden Halbgesetze zu der Formel zusammenzuschweißen, deren Vorhersagen perfekt mit den experimentellen Daten übereinstimmte. Übrigens lud Planck die mit diesen Messungen bestens vertrauten Physiker der Berliner Universität eigens zu sich nach Hause ein, um ihre Daten – bei einer Tasse Tee – aus erster Hand zu bekommen und sicher zu sein, hier auch nicht die kleinste Abweichung zu übersehen.

Tatsächlich zeigte sich, daß Planck mit Hilfe seines Parameters h die Farben des schwarzen Körpers so präzise vorhersagen konnte, wie es sich die Physiker des 19. Jahrhunderts erträumt hatten. Doch ein Gefühl des Triumphes wollte sich bei ihm nicht einstellen, denn der Preis für diesen Erfolg war eine Unstetigkeit in der Natur, die durch das kleine h ausgedrückt wurde, das heute als Plancksches Quantum der Wirkung zu den fundamentalen Konstanten der Natur gerechnet wird. Das h tat Planck nämlich nicht den Gefallen, am Ende zu verschwinden. Es drängte sich vielmehr nach und nach in die Mitte der Atomphysik. Es nahm immer offenkundiger physikalische Realität an, es verlangte immer mehr Aufmerksamkeit, und zuletzt zwang es die Physiker, eine völlig neue Physik – die Quantenmechanik – aufzustellen

Um ihre physikalischen und weltanschaulichen Folgen bemüht sich Planck in den folgenden Jahrzehnten. Wer sich auf seine Reden einläßt, wird einen forschenden Menschen erleben, der um jeden Schritt des Erkennens ringt und sich immer wieder nach dem Ort fragt, an den die wissenschaftliche Bewegung der Gedanken den Menschen gebracht hat. In einem Beitrag, den Lise Meitner über ihren Lehrer Planck geschrieben hat (und der in dem bei Springer publizierten Band abgedruckt ist), heißt es, »Planck war religiös in demselben Sinn wie es Goethe war«, wobei anzumerken ist, daß es sich Planck keineswegs leicht macht, zu solch einer Einstellung zu gelangen. Wenn er schreibt: »Nichts hindert uns, die Weltordnung der Naturwissenschaft und den Gott der Religion miteinander zu identifizieren«, dann ist damit keine Lösung der ethischen Probleme der Wissenschaft gefunden, sondern nur die Ausgangslage geklärt worden.

Planck bezieht seine innere Stärke dabei aus den Klassikern, die uns die Schule vorstellt. Er orientiert sich zum Beispiel an Lessing, wenn er sagt, »nicht der Besitz der Wahrheit, sondern das erfolgreiche Ringen um sie macht das Glück des Forschers aus; denn alles Verweilen ermüdet und erschlafft auf Dauer«.

In einem der persönlichsten Texte, in dem sich Planck mit dem Wesen der Willensfreiheit beschäftigt, geht es auch um die Frage, auf welcher ethischen Basis eine Wissenschaft vorzugehen habe. Planck fragt: »Welches ist denn nun aber das entscheidende Kennzeichen für den Wert einer Ethik?«, und er antwortet:

»Diejenige Ethik ist die wertvollste, welche sich im praktischen Leben auf die Dauer am besten bewährt; ebenso wie in der Wissenschaft immer diejenige Theorie den Vorzug verdient, welche der Erfahrung am besten angepaßt ist. Von dieser Wahrheit durchdrungen haben die großen Ethiker aller Zeiten es als ihre wichtigste Aufgabe empfunden, ihrer Lehre zur praktischen Bestätigung in der Welt zu verhelfen, wobei sie vor allem selbst mit dem eigenen Beispiel vorangingen, und gerade die Allergrößten unter ihnen, von Sokrates bis hinauf zu Jesus, haben nicht gezaudert, diesem höchsten Ziel ihr eigenes Leben zum Opfer zu bringen. Ja, man darf sagen, daß dieses aufrechte Eintreten für ihre Lehre ein wesentliches Merkmal ihrer Größe ausgemacht hat.«

»Blicken wir auf die Gegenwart«, fährt Planck im Jahre 1936 fort, »so gewahren wir ein anderes Bild. Wie klein und armselig wirken gegenüber jenen großen Persönlichkeiten manche der modernen Ethiker, welche mit allen Künsten ihrer Logik und Dialektik stolze Gebäude errichten und sie gegen jeden Angriff scharfsinnig zu verteidigen wissen, die aber, wie es scheint, gar nicht daran denken, ihre ethischen Forderungen auf ihre eigene Person anzuwenden, ja sogar die Aufforderung, solches zu tun, als eine ungehörige Zumutung mit überheblicher Geste ablehnen. Diese klugen Gelehrten scheinen nicht zu ahnen, daß sie mit einer solchen Stellungnahme sich gerade den einzigen Weg verbauen, der ihnen die Möglichkeit bieten könnte, ihrer Ethik allgemeine Anerkennung zu verschaffen. [...] Das gilt ganz besonders für diejenigen Ethiker, welche den Wert des Lebens verneinen.«

»An ihren Früchten sollt Ihr sie erkennen!« Dies ruft Planck seinen Zuhörern immer wieder gerne zu, wobei vor allem seine häufige Warnung vor dem auffällt, was er das »spirituelle Element« nannte. Er hielt Autoren wie Oswald Spengler und Rudolf Steiner für »Feinde der Wissenschaft«. Sie galten ihm als geistige Gegner, weil sie die Schwierigkeiten der Gesellschaft – von ihnen »Krankheiten« genannt – auf die Hinwendung zu technischen Entwicklungen und die Abkehr von rein schwärmerischen Praktiken zurückführten. Planck sah in solchen Verkündigungen große Gefahren für die abendländische Kultur und er versuchte mit seinen Reden, hier einen anderen Weg zu weisen und die Qualität des wissenschaftlichen Denkens zu veranschaulichen. Das Bemühen um Zusammenhänge, wie sie im Prinzip von der Erhaltung der Energie zu erkennen sind, erschien ihm als lohnende Aufgabe, wobei für ihn Wilhelm von Humboldts Gedanke selbstverständlich war, daß man dabei nie an ein Ende kommen würde. Wissenschaft ist das, was nie fertig wird und die Sehnsucht aufrecht erhält, die sich in dem Suchen der natürlichen Ordnung zeigt. Dieses Suchen bedeutet »das schönste Glück des denkenden Menschen« und verleiht ihm das Bewußtsein, »das Erforschliche erforscht zu haben und das Unerforschliche ruhig zu verehren«.

Wir alle brauchen Klassiker. Planck hatte Goethe, und wir haben jetzt Planck. Ohne ihn wäre die Wissenschaft ärmer und wir mit ihr.

***** 𝒐𝒐 𝒐𝒐 𝒐𝒐 𝒐𝒐   𝒐𝒐 𝒐𝒐 𝒐𝒐 𝒐𝒐

ÜBRIGENS In einer Gastvorlesung, die Planck im Dezember 1924 an der Universität München gehalten hat (und die sich in der Springer-Ausgabe seiner Reden findet), erzählt er die berühmte Geschichte, wie ihm vom Studium der Physik abgeraten wurde: Sein »ehrwürdiger Lehrer Philipp von Jolly« schilderte ihm die Physik »als eine hochentwickelte, nahezu voll ausgereifte Wissenschaft, die nunmehr, nachdem ihr durch die Entdeckung des Prinzips der Erhaltung der Energie gewissermaßen die Krone aufgesetzt sei, wohl bald ihre endgültige stabile Form angenommen haben würde. Wohl gäbe es vielleicht in einem oder dem anderen Winkel noch ein Stäubchen oder ein Bläschen zu prüfen und einzuordnen, aber das System als Ganzes stehe ziemlich gesichert da, und die theoretische Physik nähere sich merklich demjenigen Grade der Vollendung, wie ihn etwa die Geometrie schon seit Jahrhunderten besitze.«

Also sprach der Ordinarius (räumlich) vor Planck und (zeitlich) vor Einstein, und trotz dieser historischen Blamage lassen sich heute schon wieder ab und zu Töne der gleichen Art vernehmen. Das Ende der Wissenschaft sei nahe, wird in manchen Lagern unverzagt verkündet. Weil sich das Publikum mit solchen Ankündigungen immer noch leicht locken läßt, hat der 1925 geborene Brite Sir John Maddox in einem umfangreichen Buch beschrieben, *Was zu entdecken bleibt* (als Suhrkamp Taschenbuch). Maddox war von 1966 bis 1996 Herausgeber der wichtigsten Wissenschaftszeitung, dem in London erscheinenden Magazin *Nature*, und sein im Jahre 2000 vorgelegtes Buch berichtet über die Geheimnisse des Universums und den rätselhaft bleibenden Ursprung des Lebens und geht auf die Zukunft der Menschheit ein. Dankenswert klar äußert sich Maddox etwa über die moderne Genetik, der er – bei aller Bewunderung für ihre technischen Durchbrüche und meisterhaften Genanalysen – attestiert, zur Zeit nicht mehr zu können, als festzustellen und aufzuschreiben, welche Bestandteile zum Leben gehören. »Naming of the parts«, nennt er, was die neue Biologie tut, die er ebenso in ihre Grenzen verweist wie die Kosmologie, die zwar staunenswerte Modelle vom Anfang der Welt liefert, aber eben nicht mehr. Zur Zeit ist sie sogar dabei, den Himmel nicht weiter zu erhellen, sondern mit Dunkelmaterie und Dunkelenergie zu bedecken.

Maddox stellt all das korrekt und nachvollziehbar dar. Er schreibt in der Überzeugung, daß die Tage der Überraschung in der Naturwissenschaft noch lange nicht vorbei sind. Überhaupt ist die »Zahl der ungelösten Probleme ... gigantisch. Sie werden unsere Kinder und deren Kinder und so weiter über die nächsten Jahrhunderte und vielleicht sogar bis ans Ende der Zeit beschäftigen.« Zum Glück für uns alle.

Bücher, die mir fehlen und
andere vermissen

Grenzen haben es an sich, daß man an ihnen ankommen kann. Wir haben es in diesem Fall geschafft, und das heißt, daß kein weiteres Buch aufgenommen wird. Bei einigen bin ich sehr unglücklich darüber, etwa bei dem Buch von Keith Devlin, in dem *Das Mathe-Gen* beschrieben wird und das im Jahre 2000 zum ersten Mal erschienen ist. Devlin ist als Wissenschaftskolumnist des britischen *Guardian* tätig und unterrichtet zusätzlich Mathematik an kalifornischen Universitäten. Er will allen helfen, die das Fach Mathematik so gehaßt haben, wie er selbst es noch in der Schule getan hat. Und er kann dies, weil er davon überzeugt ist, »daß mathematisches Denken nur eine spezielle Form unseres Sprachvermögens« und insofern das Resultat eines biologischen Anpassungsprozesses ist. Devlin gibt sich große sachliche und sprachliche Mühe, um die Leser auf seine Seite zu bringen (wobei die Seitenzahlen des Buches auf witzige und sympathische Weise mathematisch verziert sind). Das Buch ist von einem freundlichen und optimistischen Grundton durchzogen, der keine Ängste gelten läßt und klar machen soll, daß jeder das »Mathe-Gen« besitzt und aus diesem Grund und mit seiner Hilfe über eine angeborene Fähigkeit verfügt, Mathematik zu betreiben.

Man darf das Doppelgebilde »Mathe-Gen« dabei nicht allzu wörtlich nehmen. Gemeint ist nicht eine spezifische DNA-Sequenz, die jemand benötigt, um mathematisch zurecht zu kommen (worunter nicht das leidige Kopfrechnen verstanden wird). Gemeint ist vielmehr, daß Menschen über genetisch gegebene Fähigkeiten verfügen, die sie in die Lage versetzen, die Regeln und die Sprache der Mathematik zu lernen. Und sie besitzen diese Vorgaben, so der Autor, weil die »genetische Veranlagung, eine Sprache zu lernen, genau dieselbe ist, die auch für Mathematik erforderlich ist«.

Ein anderes Buch, das mir fehlt, ist Freeman Dysons Darstellung über *Die zwei Ursprünge des Lebens*. Nur die erste Ausgabe von 1985 ist übersetzt worden, während die erweiterte und aktualisierte Fassung von 1999 allein auf Englisch vorliegt. Dysons Grundidee besteht darin, das Leben in zwei Schritten beginnen zu lassen, wobei die heute mehr im Mittelpunkt des Interesses stehenden Gene nicht den Anfang gemacht und sich vielmehr erst als Parasiten in ein schon vorhandenes komplexes Gebilde eingeschlichen haben, das aus den Proteinen besteht, die heute für die Reaktionsfähigkeit der Zellen sorgen.

Ich hätte zusätzlich gerne *Die Einmaligkeit des Individuums* aufgenommen, wie Peter D. Medawar sie 1969 beschrieben hat. In diesem Buch nimmt sich ein großer Biologe zum ersten Mal einer Frage an, die damals verpönt war und heute Mode ist, die Frage nämlich, ob es so etwas wie einen natürlichen Tod im Leben gibt. Müssen wir sterben, weil dies zu unserer Evolution gehört? Oder müssen wir sterben, weil wir rosten oder abgenutzt werden wie Autos oder Waschmaschinen?

Imponierend finde ich auch *Erfolgsgeheimnisse der Natur* (1981), in dem Hermann Haken die Lehre vom Zusammenwirken vorstellt, die unter dem Namen Synergetik bekannt ist und von ihm selbst wesentlich mitbegründet worden ist. In diesen Tagen ist ab und zu einmal zu hören, daß die Synergetik überschätzt worden ist. Wer tatsächlich dieser Ansicht ist, dem wird – neben der Lektüre von Hakens Buch – empfohlen, einmal zu versuchen, seine Schuhe mit einer Hand zuzubinden.

Ein letztes Buch, das ich am liebsten immer noch in den Hauptteil einschmuggeln möchte, ist *Die Logik des Mißlingens,* die Dietrich Dörner 1989 aufgespürt und vorgeführt hat. Es geht um unsere biologisch bedingte Unfähigkeit, in komplexen Situationen richtige Entscheidungen zu treffen, womit Festlegungen gemeint sind, die das Gute nach sich ziehen (was immer damit gemeint ist). Dörner illustriert an vielen Beispielen – unter anderem an der Katastrophe von Tschernobyl –, wie und warum uns dasselbe Problem – nur mit umgekehrten Vorzeichen – quält, um das selbst der Teufel in Goethes *Faust* nicht herumkommt. Wenn Mephistopheles sich nämlich vorstellt, nennt er sich einen »Teil von jener Kraft, die stets das Böse will, und stets das Gute schafft«. Dörner zeigt, in welchen Situationen wir das Böse bzw. das Schlechte schaffen, selbst wenn wir von ganzem Herzen das Gute wollen. Aber er tröstet uns, denn »man kann strategisches Denken lernen«, nur »ganz einfach ist es nicht!«

Mehr als fünf Bücher will ich mir nicht gestatten, auf der Warteliste unterzubringen, wobei deren Existenz es erlaubt, auf Titel hinzuweisen, die selbst dort nicht hingekommen sind. So schön seine Prosa auch ist, aber in einem Kanon der Wissenschaft hat Sigmund Freud in meinen Augen nicht viel zu suchen. Wenn seine nahezu völlig erfahrungsfrei erfundene und nicht immer heilsame Lehre der Psychoanalyse, die den Anspruch auf Wissenschaftlichkeit erhebt, überhaupt erwähnt worden wäre, dann durch ihre glänzende Widerlegung, wie sie etwa bei Dieter E. Zimmer nachgelesen werden kann. *Tiefenschwindel* heißt das 1986 erschienene Buch, in dem sich auch das folgende Zitat von Freud (aus dem Jahre 1920) findet:

»Die Biologie ist wahrlich ein Reich der unbegrenzten Möglichkeiten, wir haben die überraschendsten Aufklärungen von ihr zu erwarten und können nicht erraten, welche

Antworten sie auf die von uns gestellten Fragen einige Jahrzehnte später geben würde. Vielleicht gerade solche, durch die unser ganzer künstlicher Bau von Hypothesen umgeblasen wird.«

Der Mann hat recht gehabt, wie Zimmer schreibt und minutiös mit Sprachwitz nachweist. Von Freud ist es nicht weit bis zu der berühmten Autorin, deren bekanntestes Werk ebenfalls von der empirisch arbeitenden und mühsam ihre Evidenz sammelnden Wissenschaft als nichtssagend erkannt wurde. Gemeint ist Margaret Mead, die bereits 1928 *Kindheit und Jugend in Samoa* beschrieben hat, was im Original *Coming of Age in Samoa* heißt. Das Werk ist immer wieder erschienen, unter anderem 1965 in einer Trilogie mit dem Titel *Jugend und Sexualität in primitiven Gesellschaften,* und es wird immer noch für bare Münze genommen. Der Grund für diese besondere Aufmerksamkeit der westlichen Leserschaft steckt wahrscheinlich in der freizügigen Sexualität, die angeblich von den auf den Südseeinseln lebenden Menschen praktiziert wurde. So steht es jedenfalls in *Kindheit und Jugend in Samoa.* Zahlreiche zivilisationsgeplagte Leser schienen eine Ahnung vom Paradies auf Erden bekommen zu haben und träumten jahrzehntelang von *Liebe ohne Aggression.* Der Traum platzte, als 1983 ein Buch mit dem eben genannten Titel erschien. In ihm machte der Anthropologe Derek Freedman klar, daß Margaret Mead mehr fabuliert als geforscht hat. Er sprach von Selbstbetrug und nannte ihre Lehre von der Friedfertigkeit der Naturvölker eine Legende, was die nicht vorhandenen paradiesischen Zustände eher hartnäckiger und langlebiger macht.

Es ist klar, daß mit Freedmans Buch eine große Debatte über das Wechselspiel von Natur und Kultur und seine wissenschaftliche Erkundung begann, und es ist auch klar, daß hier nicht der Platz ist, sie zu entscheiden. Aber es scheint auf keinen Fall angemessen, Meads Buch in einen Kanon aufzunehmen. In ihm fehlt auch ein Titel von Antonio Damasio, obwohl er derzeit als großer Star am Himmel der Neurowissenschaften steht. Wer allein seine zahlreichen Bücher zu Hirnforschung und Bewußtsein lesen will, ist auf Jahre hinaus beschäftigt. Besonders gelobt wurde zuletzt *Ich fühle, also bin ich,* in dem es um die *Entschlüsselung des Bewußtseins* geht (2001). Damasio möchte dabei von einem eingeengten »Ich« zu einem weiten »Selbst« kommen, dem er das Attribut »autobiographisch« gibt. Auf dem Weg tauchen Zwischenstufen auf, ein Proto-Selbst und ein Kernselbst, von denen wir erfahren, daß sie vom Genom eingerichtet werden. Dabei läßt der Autor aber die Möglichkeit offen, daß die Natur dies »vielleicht ein wenig« modifizieren kann, was ja heißt, daß sie es vielleicht auch nicht tut. Vermutlich müssen wir mit der Antwort auf das nächste Buch warten, das dann erneut eine Chance bekommt.

Warten müssen wir auch auf ein Buch, welches mit der Zeit so umgeht, daß man mehr versteht als die Richtung, in der sie läuft (auch beim Lesen), und welches dabei philosophisch zuverlässiger argumentiert, als Stephen Hawking es getan hat. Es gibt einige spannende Titel zu dem Thema – etwa *Die Unsterblichkeit der Zeit* von Paul Davies (1995) oder *Das Paradox der Zeit,* das der 2003 gestorbene Nobelpreisträger Ilya Prigogine zusammen mit der Wissenschaftshistorikerin Isabelle Stengers geschrieben hat (1993) –, und wer diese Bücher liest, wird auf jeden Fall profitieren. Aber am Ende bleibt das seltsam mächtige Gefühl, daß ein zentraler Punkt nicht angesprochen worden ist und ein Verständnis sich noch nicht eingestellt hat.

Kommen wir zum Schluß. Es macht nicht besonders viel Spaß, übergangene Bücher zu erwähnen – etwa Humberto Maturanas *Baum der Erkenntnis,* in dem angekündigt wird, »die biologischen Wurzeln des menschlichen Erkennens«

freizulegen, oder Jane Goodalls *Mein Leben mit Schimpansen* (*My Life with Chimpanzees*) –, aber in den beiden genannten Fällen ist es mir trotz einiger Anläufe nicht gelungen, mit dem Lesen bis zum Ende durchzuhalten. Die autopoetische Botschaft Maturanas höre ich wohl, allein mir fehlt für seine Form der Glaube. Und wenn ich ein Buch über Schimpansen empfehlen sollte, würde ich eher auf Frans de Waals *Wilde Diplomaten* hinweisen, bei dem man endlich lernen kann, daß es im Leben nicht nur aggressiv zugeht, sondern daß die Evolution uns auch die Fähigkeit zur Versöhnung gegeben hat. Es gibt also *Grund zur Hoffnung,* wie die Autobiographie Jane Goodalls heißt, die ich mir jetzt vornehmen werde.

Übrigens, wer über Bücher spricht (und einige ausläßt bzw. in ihrer Bedeutung nicht erfaßt), riskiert, daß man ihn an die Frage erinnert, die Georg Christoph Lichtenberg bereits im 18. Jahrhundert gestellt hat und die ich mit meinen Worten wiedergebe: Wenn ein Buch und ein Kopf zusammenstoßen, und es klingt hohl – muß es dann das Buch gewesen sein?

Ein kleiner Baedeker der Bücher

Die Bewertung:	Wissen-schaftliche Qualifikation des Autors	Lesbarkeit	Bucherfolg
1 Albert Einstein, Mein Weltbild	*****	👓👓👓👓👓	📖📖📖
2 Friedrich Dürrenmatt, Die Physiker		👓👓👓👓👓	📖📖📖
3 Stephen Hawking, Eine kurze Geschichte der Zeit	****	👓👓👓	📖📖📖📖📖
4 Carl Sagan, Unser Kosmos	***	👓👓👓👓👓	📖📖📖📖📖
5 Werner Heisenberg, Der Teil und das Ganze	*****	👓👓👓👓👓	📖📖📖📖
6 Fritjof Capra, Das Tao der Physik	*	👓👓👓👓	📖📖📖📖📖
7 Niels Bohr, Atomphysik und menschliche Erkenntnis	*****	👓👓	📖📖
8 Michael Frayn, Kopenhagen		👓👓👓👓👓	📖📖📖📖📖
9 Erwin Schrödinger, Was ist Leben?	*****	👓👓👓👓👓	📖📖📖
10 Max Delbrück, Wahrheit und Wirklichkeit	****	👓👓👓👓	📖📖
11 James D. Watson, Die Doppelhelix	*****	👓👓👓👓👓👓	📖📖📖📖📖
12 Erwin Chargaff, Das Feuer des Heraklit	****	👓👓👓👓👓	📖📖📖📖
13 François Jacob, Die Logik des Lebendigen	*****	👓👓👓👓	📖📖📖
14 Ernst Mayr, Die Entwicklung der biologischen Gedankenwelt	****	👓👓👓👓	📖📖
15 Jacques Monod, Zufall und Notwendigkeit	*****	👓👓👓👓👓👓	📖📖📖📖

Die Bewertung:	Wissen-schaftliche Qualifikation des Autors	Lesbarkeit	Bucherfolg
16 Manfred Eigen und Ruthild Winkler, Das Spiel	****	👓👓👓👓	📖📖📖📖
17 Rachel Carson, Der stumme Frühling	***	👓👓👓👓	📖📖📖📖📖
18 Denis Meadows et al., Die Grenzen des Wachstums	*	👓👓👓	📖📖📖📖📖📖
19 Jared Diamond, Arm und reich	****	👓👓👓👓	📖📖📖📖
20 Hoimar v. Ditfurth, Der Geist fiel nicht vom Himmel	***	👓👓👓👓👓	📖📖📖📖📖📖
21 Francis Crick, Was die Seele wirklich ist	*****	👓👓👓👓	📖📖📖
22 Oliver Sacks, Der Mann, der seine Frau mit einem Hut verwechselte	***	👓👓👓👓👓	📖📖📖📖📖📖
23 Konrad Lorenz, Die Rückseite des Spiegels	****	👓👓👓👓	📖📖📖📖📖📖
24 Carl Friedrich von Weizsäcker, Zum Weltbild der Physik	****	👓👓👓👓👓	📖📖📖
25 Gerhard Vollmer, Evolutionäre Erkenntnistheorie	****	👓👓👓👓👓	📖📖📖📖
26 Karl Popper, Alles Leben ist Problemlösen	*****	👓👓👓👓👓	📖📖📖📖
27 Thomas S. Kuhn, Die Struktur wissenschaftlicher Revolutionen	****	👓👓👓👓	📖📖📖📖
28 Ludwik Fleck, Die Entstehung und Entwicklung einer wissenschaftlichen Tatsache	****	👓👓👓	📖📖📖
29 Norbert Bischof, Das Rätsel Ödipus	****	👓👓👓👓👓	📖📖📖

Die Bewertung:	Wissenschaftliche Qualifikation des Autors	Lesbarkeit	Bucherfolg
30 Norbert Wiener, Mensch und Menschmaschine	★★★★★	👓👓👓👓	📖📖📖
31 Douglas R. Hofstadter, Gödel, Escher, Bach	★★★	👓👓👓👓	📖📖📖📖📖
32 Simon Singh, Fermats letzter Satz		👓👓👓👓👓	📖📖📖📖📖
33 Benoit Mandelbrot, Die Fraktale Geometrie der Natur	★★★★★	👓👓👓	📖📖📖
34 James Gleick, Chaos		👓👓👓👓👓	📖📖📖📖📖
35 Adolf Portmann, Biologie und Geist	★★★★	👓👓👓👓	📖📖📖
36 Lewis Thomas, Die Meduse und die Schnecke	★★★★	👓👓👓👓👓	📖📖📖📖
37 Richard Dawkins, Das egoistische Gen	★★★	👓👓👓👓👓	📖📖📖📖📖
38 Stephen J. Gould, Der falsch vermessene Mensch	★★★★	👓👓👓👓	📖📖📖📖
39 Edward O. Wilson, Der Wert der Vielfalt	★★★★	👓👓👓👓	📖📖📖📖
40 Bernhard Grzimek, Serengeti darf nicht sterben	★★★	👓👓👓👓👓	📖📖📖📖
41 Matt Ridley, Alphabet des Lebens		👓👓👓👓👓	📖📖📖📖
42 Evelyn Fox-Keller, Das Jahrhundert des Gens	★★★	👓👓👓👓👓	📖📖📖
43 Jean Piaget, Biologie und Erkenntnis	★★★★	👓👓👓👓	📖📖📖
44 Richard L. Gregory, Auge und Gehirn	★★★	👓👓👓👓👓	📖📖📖📖

Die Bewertung:	Wissenschaftliche Qualifikation des Autors	Lesbarkeit	Bucherfolg
45 Max Born, Physik im Wandel meiner Zeit	*****	👓👓👓👓	📖📖📖
46 Steven Weinberg, Die ersten drei Minuten	*****	👓👓👓👓	📖📖📖📖📖
47 Richard P. Feynman, QED	*****	👓👓👓👓	📖📖📖📖
48 Murray Gell-Mann, Das Quark und der Jaguar	*****	👓👓👓👓	📖📖📖📖
49 Max Planck, Vorträge und Erinnerungen	*****	👓👓👓👓	📖📖📖📖
50 John Maddox, Was zu entdecken bleibt		👓👓👓👓	📖📖📖

Einige Hinweise zur Literatur

Übersichtswerke:

John Carter und Percy H. Muir, *Bücher, die die Welt verändern*, Prestel, München 1968

Fachlexikon abc – *Forscher und Erfinder*, Harri Deutsch, Frankfurt am Main 1992

Joachim Kaiser (Hg.), *Das Buch der 1000 Bücher*, Harenberg, Dortmund 2002

Fritz Krafft (Hg.), *Große Naturwissenschaftler*, VDI, Düsseldorf 1986

Fritz J. Raddatz (Hg.), *ZEIT-Bibliothek der 100 Sachbücher*, Suhrkamp, Frankfurt am Main 1984

Michel Serres (Hg.), *Elemente einer Geschichte der Wissenschaften*, Suhrkamp, Frankfurt 1995

Károly Simonyi, *Kulturgeschichte der Physik*, Harri Deutsch, Frankfurt am Main 1995

Trevor Williams (Hg.), *Biographical Dictionary of Scientists*, Harper Collins, Glasgow 1994

Vom Autor:

Kritik des gesunden Menschenverstandes, Rasch & Röhring, Hamburg 1989; Neuauflage Ullstein, München 2002

Die zwei Gesichter der Wahrheit, Goldmann, München 1990

Einstein, Springer, Heidelberg 1996

Aristoteles, Einstein & Co., Piper, München 1996

Das Schöne und das Biest, Piper, München 1997

Leonardo, Heisenberg & Co., Piper, München 2000

Werner Heisenberg, Piper, München 2001

Die andere Bildung, Ullstein, München 2001

Die aufschimmernde Nachtseite, Libelle, Lengwil 2003

Danksagung

Der Autor dankt dem Piper Verlag für den Vorschlag, dieses Buch zu schreiben, und er dankt Hanns Polanetz, Klaus Stadler und Ulrich Wank für zwanzig Jahre Gemeinsamkeit.

Bildnachweis

(Nicht in allen Fällen konnten die Rechteinhaber ermittelt werden. Wir bitten um entsprechende Mitteilung an den Piper Verlag.)

akg-images: S. 17 (unten), 27 (oben), 46 (oben), 110 (oben), 150 (unten), 170 (oben), 197 (unten), 246 (oben)
Bauer, Jerry: S. 100 (oben), 206 (oben)
Bischof, Norbert: S. 150 (oben)
Deutsche Verlagsanstalt: S. 91 (unten)
Hanser Verlag: S. 160 (unten) (Foto: Petra Büscher), 188 (unten) (Foto: Paula M. Lerner/Woodfin Camp & Associates)
Hirzel Verlag: S. 131 (oben)
Piper Verlag: S. 17 (oben), 36 (oben) (Foto: Hans Piper), 65 (oben) (Foto: Bill Geddes), 75 (oben), 75 (unten) (Foto: Jane Reed), 83 (oben), 83 (unten) (Fotos: P. Goldmann), 119 (oben) (Foto: Hermann Kacher), 131 (unten), 180 (oben) (Foto: H. Bertolf), 197 (oben) (Foto Jon Chase), 229 (unten), 237

Rose, Paul L., Heisenberg und das Atombombenprojekt der Nazis, Zürich 2001: S. 119 (unten), 229 (oben)

Rowohlt Bildarchiv: S. 110 (unten) (Foto: Dirk Reinartz), 188 (oben) (Foto: Stephen Hyde)

Suhrkamp Verlag: S. 246 (unten)

SV-Bilderdienst: S. 57 (oben), 217 (oben) (Foto: Horst Tappe)

Verlag C. H. Beck: S. 91 (oben)

Verlag Droemer-Knaur: S. 27 (unten) (Foto: Steve Smith), 170 (unten) (Foto: Nancy Buirsky)

Verlag Klett-Cotta: S. 65 (unten) (Foto: Marianne Kopcsik), 160 (oben)

Register

274

PIPER

Ernst Peter Fischer
Leonardo, Heisenberg & Co.

Eine kleine Geschichte der Wissenschaft in Porträts.
361 Seiten mit 41 Abbildungen. Serie Piper

In unserem Alltag sind die Wissenschaften allgegenwärtig.
Wer aber waren und sind die Menschen, denen wir die entscheidenden Forschungen verdanken? Der anerkannte Wissenschaftshistoriker Ernst Peter Fischer hat nach seinem
erfolgreichen Buch »Aristoteles, Einstein & Co.« zwanzig
neue Porträts großer Wissenschaftler geschrieben. Unter
anderem erzählt er vom Universalgenie Leonardo da Vinci,
der Naturforscherin und Künstlerin Maria Sybilla Merian,
dem Mathematiker und Philosophen Gottfried Wilhelm
Leibniz. Die Quantenphysiker Max Planck, Werner
Heisenberg, Erwin Schrödinger und Wolfgang Pauli werden
ebenso porträtiert wie Konrad Lorenz, Francis Crick und
James D. Watson.
In Fischers unterhaltsamer »wissenschaftlicher Hinter-
treppe« verbinden sich Vergangenheit und Gegenwart in
den Geschichten berühmter Frauen und Männer.

01/1354/01/R

PIPER

Ernst Peter Fischer

Aristoteles, Einstein & Co.

Eine kleine Geschichte der Wissenschaft in Porträts.
447 Seiten. Serie Piper

In seinem spannenden, leicht und vergnüglich zu lesenden
Buch stellt Fischer die Großen der Wissenschaft von der
Antike über Arabien, das mittelalterliche und moderne
Europa bis ins Amerika unseres Jahrhunderts vor – ihr
Leben, ihr Werk, ihre privaten Vorlieben und Vorzüge. Er
erzählt von Bacon, Galilei, Kepler und Descartes, den vier
Wissenschaftlern, die vor 400 Jahren die Wende zur
Moderne möglich machten und damit alles beeinflußten,
was wir heute denken und tun. Oder von Newton, den die
Alchemie umtrieb und der doch zum Wegbereiter der
modernen Physik wurde. Oder von Marie Curie, die in
einer von Männern beherrschten Wissenschaft unendlich
viel geleistet hat und dafür gleich zweimal den Nobelpreis
erhielt. Ob Albertus Magnus, Faraday, Einstein, Pauling
oder Feynman – dieses Buch macht neugierig auf Wissenschaft, zeigt, wie spannend und intellektuell faszinierend die
Geschichte der Wissenschaft und ihrer Hauptpersonen ist.

01/1161/01/R

PIPER

Ernst Peter Fischer
Werner Heisenberg

Das selbstvergessene Genie. 286 Seiten mit 28 Abbildungen
und einer Tabelle. Serie Piper

Viele Menschen wissen, daß Werner Heisenberg (1901 in
Würzburg geboren, 1976 in München gestorben) zu den
größten Physikern des 20. Jahrhunderts zählt. Weitaus
weniger bekannt ist allerdings, daß die von ihm gefundene
Theorie der Atome, die Quantenmechanik, weit über die
Grenzen der Physik hinaus von Bedeutung ist. Hier setzt
Ernst Peter Fischer mit seinem ungewöhnlichen Porträt
eines »selbstvergessenen Genies« an. Er ist davon überzeugt, daß Heisenbergs Schöpfung zu den wichtigsten philosophischen Errungenschaften der Neuzeit gehört, daß sie
für die moderne Molekularbiologie bahnbrechend war und
daß sie zudem die Grundlage für die rasante Entwicklung
des Computers bildet. Heisenberg hat, so konstatiert
Fischer, den Menschen eine ganz neue Dimension der Wirklichkeit eröffnet. Er war ein Genie vom Range Mozarts
oder Schuberts. Vor diesem Hintergrund muß auch sein
Verhalten im Dritten Reich, sein zögerliches Bemühen um
die Atombombe neu interpretiert werden. Weit über den
100. Geburtstag des Nobelpreisträgers hinaus gibt es also
genügend Anlaß, den sprachmächtigen (»Der Teil und das
Ganze«) und humanistischen Gelehrten zu würdigen.

01/1160/01/R

PIPER

Richard P. Feynman
QED

Die seltsame Theorie des Lichts und der Materie. Aus dem
Amerikanischen von Siglinde Summerer und Gerda Kurz.
175 Seiten mit 93 Abbildungen. Serie Piper

Der amerikanische Physiker Richard P. Feynman galt als
einer der größten theoretischen Physiker dieses Jahrhunderts. Für seine Beiträge zur Theorie der Quantenelektrodynamik erhielt er 1965 (mit zwei Kollegen) den Nobelpreis
für Physik. Mit dieser Quantenelektrodynamik – kurz:
QED – befaßt sich dieses Buch, in dem er erklärt: »Mein
Hauptanliegen ist, die seltsame Theorie des Lichts und der
Materie, oder richtiger die Wechselwirkung zwischen Licht
und Elektronen, so genau wie möglich zu beschreiben.«
Der Leser wird Feynmans lebendige und unterhaltsame Art
der Darstellung genießen, wenn ihm der berühmte Physiker
und begabte Lehrer eine der maßgeblichen physikalischen
Theorien dieses Jahrhunderts erklärt.

»Feynmans Talent, komplexe Vorgänge einfach und
packend darzustellen, zeigt sich auch in diesem Buch auf
anschauliche und äußerst vergnügliche Weise.«
Österreichischer Rundfunk

01/1035/01/R

PIPER

Edward O. Wilson
Der Wert der Vielfalt

Die Bedrohung des Artenreichtums und das Überleben des
Menschen. Aus dem Amerikanischen von Thorsten
Schmidt. 512 Seiten mit 18 Farbtafeln und 42 Abbildungen.
Serie Piper

Für das menschliche Nachdenken über die Vielfalt des Lebens hat der weltberühmte Harvard-Biologe und Ameisen-
forscher Edward O. Wilson ein unentbehrliches Buch geschrieben. Der Mensch, so Wilson, läuft zur Zeit Gefahr,
zur letzten großen Naturkatastrophe zu werden. In seinem
Buch zeigt Wilson in verständlicher Sprache und mit einer
Fülle plastischer Beispiele, wie die Vielfalt der Arten entstanden ist, warum sie immer wieder von Katastrophen
reduziert wurde, warum ihre Erhaltung für den Menschen
überlebenswichtig ist und was getan werden muß, um die
Artenvielfalt und das ökologische Gleichgewicht zu sichern.

»Wilsons Buch ist der Versuch, die Biologie ökologisch
umzuformulieren. Das ist für den Laien aufregend, weil
Wilson als großartiger Schilderer Zusammenhänge anschaulich macht, die dem gewöhnlichen Verständnis verborgen
bleiben ... Leben ist Vielfalt, und verminderte Vielfalt ist
vermindertes, am Ende unwiderruflich verarmtes Leben.«
Frankfurter Allgemeine Zeitung

01/1127/01/R